U0171584

数字全息技术及其应用

周文静　于瀛洁　伍小燕　著

科学出版社

北　京

内 容 简 介

本书系统介绍了数字全息技术的基本原理，详细阐述了数字全息技术与其他技术的交叉结合，如数字显微全息技术、相移数字全息技术、断层扫描数字全息层析技术、压缩传感数字全息层析技术、强度传输方法实现全息图的相位重建技术和深度学习在数字全息技术中的应用等，以及在不同领域的应用，如微观表面粗糙度检测、光学器件微观参量检测、微机电系统器件微结构成像检测、生物组织层析重建、大尺寸梯度透镜三维折射率检测等。

本书可作为高等学校光电信息科学与工程、测控技术与仪器、机械电子工程等专业本科生及研究生的教材，也可作为精密检测仪器领域科研人员的参考用书。

图书在版编目（CIP）数据

数字全息技术及其应用 / 周文静，于瀛洁，伍小燕著. —北京：科学出版社，2020.2

ISBN 978-7-03-064071-0

Ⅰ. ①数… Ⅱ. ①周… ②于… ③伍… Ⅲ. ①数字技术-应用-全息图 Ⅳ. ①TB877

中国版本图书馆 CIP 数据核字（2020）第 015261 号

责任编辑：朱英彪 / 责任校对：王萌萌
责任印制：吴兆东 / 封面设计：蓝正设计

科 学 出 版 社 出版
北京东黄城根北街 16 号
邮政编码：100717
http://www.sciencep.com

北京凌奇印刷有限责任公司 印刷
科学出版社发行 各地新华书店经销

*

2020 年 2 月第 一 版 开本：720 × 1000 B5
2022 年 1 月第三次印刷 印张：14
字数：282 000

定价：88.00 元
（如有印装质量问题，我社负责调换）

前　言

　　数字全息技术是传统光学技术、数字成像技术和数字信号处理技术相互结合发展起来的一种新技术，具有动态性和无损性。数字全息技术主要利用激光光源的优越特性、光波的干涉特性和衍射特性实现被测物光波光场的数字记录和数值重建。算法优化、分辨率提高、相位畸变校正、相干噪声消除等是其发展过程中的主要研究内容。20世纪90年代，数字全息技术开始应用于微观参量的定量检测，如微机电系统器件的形貌及变形检测、加工件表面粗糙度检测、活体细胞或生物组织的非制备检测、声压或声波频率检测、透明功能梯度材料检测、空间微粒位置检测等。

　　本书以数字全息技术为中心，全面介绍该技术的基本原理、特点和应用，同时与不同技术深入结合，注重基本概念和基本原理，加强读者对光学干涉和衍射的物理意义、数学原理的认知；注重数字全息技术基本原理与不同领域的应用紧密结合，通过最新研究成果展示数字全息技术的基本特点和不同领域的应用方式；注重数字全息技术与其他技术的交叉结合，表明了数字全息技术的可拓展性，具有较高的使用及参考价值。

　　全书共7章，第1章从数字全息技术的基本概念入手，阐述其发展概况、基本原理，并对一些容易混淆的常用概念进行解析。第2章介绍数字显微全息技术，显微成像是数字全息技术的最初应用，也是其应用最广泛的领域，重建理论比较成熟。第3章介绍相移数字全息技术，包括相移全息技术的应用以及相移技术的基本思路，着重介绍两步正交相移数字全息技术的基本原理和实现；数字全息技术虽然能实现三维重建，但本质上数字全息图重建理论是针对平面型物体，当被测物体沿光轴方向具有一定的厚度时，全息图记录的信息可看作物光波的叠加，所重建的数据实际为物光波路程的积分，表征的是被测物体的外部轮廓或被测物体的均匀厚度。基于此，第4章和第5章分别介绍断层扫描数字全息层析技术和压缩传感数字全息层析技术。断层扫描数字全息层析技术借助三维重建算法对全息图的重建结果进行进一步解调，解析获取光程上的每一单点值；压缩传感数字全息层析技术则利用压缩传感重建理论直接对数字全息图中的"叠加信息"进行数值重建，获得被测物体的轴向连续信息。第6章介绍数字全息图非干涉法相位重建及其应用，主要利用强度传输方程法实现全息图中的相位重建，从而直接获得非包裹相位，克服传统全息重建算法的不足。第7章介绍深度学习在数字全息技术中的应用，包括其基本思路和发展趋势。

本书第1～4、6、7章，以及第5章的5.1节由周文静撰写，第5章的5.2～5.4节由伍小燕撰写，全书由于瀛洁、周文静进行统稿。本书内容是作者及其所在团队十多年的研究、多项关键技术的积累。本书相关研究得到国家自然科学基金项目(51775326，61975112)、上海市自然科学基金项目(18ZR1413700)等的资助，在此表示感谢。特别感谢团队中徐强胜、胡文涛、朱亮、瞿惠、彭克琴、郑财富、吴煜、管小飞、邹帅、何登科等研究生在科研工作中的辛勤付出。

由于作者水平有限，书中难免存在不妥之处，敬请广大读者批评指正。

作　者
2019 年 12 月

目　　录

第 1 章   绪   论

本章阐述数字全息技术的基本定义和原理，分析数字全息图的三种经典数值重建算法及其特点，同时对数字全息技术中几个容易混淆的常用概念进行解析。

1.1   全息技术发展概述

激光全息技术常简称为全息技术，是利用光的干涉原理，将物体发出的特定光波与一束参考光波以干涉条纹的形式记录下来，使物光波的全部信息(振幅和相位)都储存在记录介质中，所记录的干涉条纹图样即全息图；当再用同一束参考光波照射全息图时，根据衍射原理可以重建出原始物光波，从而形成与原物体相同的三维立体像。这个光波记录和重建的过程就是全息技术(或全息照相)。全息技术有很多优点，如三维立体性和可分割性等，目前已对其开展了很多理论和应用的研究，同时由于相关新技术的不断涌现，促进全息技术不断发展并呈现出新的特点。

数字全息技术是传统全息技术与数字技术的结合，即传统全息技术中的全息胶片被电荷耦合器件(charge coupled device, CCD)取代，使得全息图成为便于数值处理的数字信号[1]。自 20 世纪 90 年代初始，数字全息技术被大家逐渐关注并应用于微观参量的定量检测[2-5]，至今仍然是相关领域的研究热点，应用也更加广泛，如微机电系统(MEMS)器件的形貌及变形检测[6-8]、加工件表面粗糙度检测[9,10]、活体细胞或生物组织的非制备检测[11,12]、声波场振动频率检测[13,14]、透明功能梯度材料检测[15]、空间微粒位置检测[16]等；同时，研究人员对数字全息技术进行了交叉拓展研究，如数字全息层析技术[17]、压缩感知全息技术[18]等，取得非常好的成果，推动数字全息技术在更多领域内的深入应用。

1.2   数字全息技术基本原理

数字全息技术的原理与传统光学全息技术相同，区别在于它们记录全息图的介质及全息图中物光波重建的方式不同。传统光学全息技术是利用全息干板上粒子的特性来记录、采集全息图，在重建过程中必须利用实际的参考光波去照射全息干板，当光波到达全息干板所在的物平面后，产生光的衍射现象，通过衍射成像在像平面上获得物光波的原始复振幅，包括强度和相位信息。全息技术的整个过程可简单描述为干涉记录、衍射重建。传统光学全息技术中采用物理介质记录全息图，具体的光强数据无法获得，只能进行定性的分析。数字全息技术采用 CCD 记录全息图，并利用计算机模拟物光波重建的过程，既省去了传统全息技术中的全息图重建光路，又由于将光强信号转换成了数字信号而实现了定量分析，可应用于高精度检测领域。

1.2.1　数字全息图记录

图 1.1 为全息图记录示意图。其中，x-y 平面为物体所在的平面，ξ-η 平面为全息面，$O(\xi,\eta)$ 为物体在全息面上的物光波，$r(\xi,\eta)$ 为参考光波。物光波和参考光波可以表示为

$$O(\xi,\eta) = A_O \exp\left[\mathrm{i}\varphi(\xi,\eta)\right] \tag{1.1}$$

$$r(\xi,\eta) = A_r \exp\left[\mathrm{i}\varphi_r(\xi,\eta)\right]\exp\left[-\mathrm{i}2\pi(\xi_r\xi + \eta_r\eta)\right] \tag{1.2}$$

式中，A_O、φ 分别是物光波的振幅和相位在全息记录面上的分布；A_r、φ_r 分别是参考光波的振幅和相位在全息记录面上的分布；ξ_r、η_r 分别是参考光波相对于光轴在两个方向上的倾斜角度。

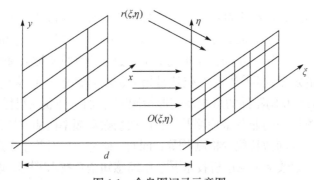

图 1.1　全息图记录示意图

当物光波和参考光波是理想相干光源时，物光波与参考光波在 ξ-η 平面上干涉，形成全息图(干涉条纹)。在全息面上得到的全息图为两光波相干叠加，叠加波场为

$$U(\xi,\eta) = O(\xi,\eta) + r(\xi,\eta) \tag{1.3}$$

根据波的叠加原理，全息面上光强分布的表达式为

$$I(\xi,\eta) = U(\xi,\eta) \cdot U^*(\xi,\eta)$$

$$= |O(\xi,\eta)|^2 + |r(\xi,\eta)|^2 + O(\xi,\eta) \cdot r^*(\xi,\eta) + O^*(\xi,\eta) \cdot r(\xi,\eta)$$

$$= A_O^2 + A_r^2$$

$$+ A_O A_r \exp\{i[\varphi(\xi,\eta) - \varphi_r(\xi,\eta)]\} \exp[i2\pi(\xi_r\xi + \eta_r\eta)]$$

$$+ A_O A_r \exp\{-i[\varphi(\xi,\eta) - \varphi_r(\xi,\eta)]\} \exp[-i2\pi(\xi_r\xi + \eta_r\eta)] \tag{1.4}$$

式中，* 表示共轭；其他变量含义同式(1.1)和式(1.2)。

在数字全息的记录过程中，由于是使用 CCD 来记录干涉条纹，相当于对干涉条纹进行了离散化处理。对如式(1.4)所示的全息图，数学上相当于被采样离散成二维图像 $I_H(k,l)$，即数字全息图，存储于计算机中，(k,l) 代表离散采样点，其中

$$I_H(k,l) \propto I(\xi,\eta) \tag{1.5}$$

两者成正比，对数值分析结果的影响可以忽略不计，于是可以写为

$$I_H(k,l) = |O(k,l)|^2 + |r(k,l)|^2 + O(k,l)r^*(k,l) + O^*(k,l)r(k,l)$$

$$= A_O^2 + A_r^2$$

$$+ A_O A_r \exp\{i[\varphi(k,l) - \varphi_r(k,l)]\} \exp[i2\pi(k_r k + l_r l)]$$

$$+ A_O A_r \exp\{-i[\varphi(k,l) - \varphi_r(k,l)]\} \exp[-i2\pi(k_r k + l_r l)] \tag{1.6}$$

式中，k_r、l_r 为光波相对于全息面的倾斜角度，且 $k_r = \xi_r$，$l_r = \eta_r$。

此外，为了在干涉过程中能记录下被测物的全部信息并完全重建得到物体的原始像，要求记录面上光波的空间频率和 CCD 的空间采样频率满足采样定理，即 CCD 的采样频率必须是全息面上物光波最大空间频率的两倍以上。

在离轴全息中，全息面上干涉条纹的空间频率是物光波与参考光波夹角的数学函数，可表示为

$$f_{\max} = \frac{2\sin(\theta_{\max} / 2)}{\lambda} \tag{1.7}$$

而 CCD 的最大空间频率是 CCD 单个像素尺寸的倒数，由采样定理可得

$$1/\Delta N = 2f_{\max} = \frac{4\sin(\theta_{\max} / 2)}{\lambda} \tag{1.8}$$

由式(1.8)可得

$$\theta_{\max} = 2\arcsin[\lambda / (4\Delta N)] \tag{1.9}$$

式中，$\theta_{\max}$ 是物光波与参考光波的最大夹角；λ 是光源的波长；ΔN 是单个像素的尺寸。

图 1.2 为数字同轴全息图记录示意图。可知同轴记录时物光波与参考光波的

光轴之间没有夹角，但物体的边缘线与垂直入射到 CCD 面阵边界的参考光波之间产生的干涉条纹也需要满足采样定理，即

$$\frac{L_y + L_O}{2d} \leqslant 2\arcsin\frac{\lambda}{4\Delta N} \tag{1.10}$$

式中，L_O、L_y 分别为物平面、全息面的纵向尺寸。

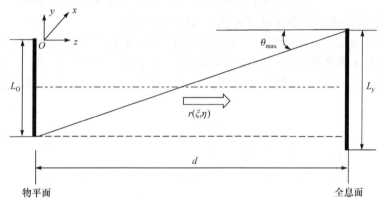

图 1.2　数字同轴全息图记录示意图

因此，数字同轴全息图记录时的记录距离要求为

$$d \geqslant \frac{L_y + L_O}{\lambda}\Delta N \tag{1.11}$$

从(1.9)式和式(1.11)可知，无论是同轴全息记录还是离轴全息记录，在全息图记录过程中都需要满足彼此的约束条件。在离轴全息图记录过程中，物光波与参考光波之间的夹角不能取得过大，否则采样将不完全，从而不能重建出物体的全部信息；但也不能取得过小，否则会使物体像和零级像重叠，而不能有效地被分离。在同轴全息图记录过程中，被记录物体的尺寸越大，所要求的记录距离也就越远，因而可以通过增大记录距离来实现大尺寸物体的全息记录；但记录距离不能过大，否则到达 CCD 面阵的光强太弱，将丢失物体的高频信息，从而影响记录效果。

1.2.2　数字全息图重建

全息图中包含了被测物体的衍射光波，为获得物体的原始物光波，需要对全息图进行数值重建。全息图重建的过程就是利用与记录参考光波相同的重建光波 $r(\xi,\eta)$ 来照射全息图，经过衍射后就能获得物光波的强度和相位信息。图 1.3 为全息图重建示意图。

重建用的参考光波可记为

$$r(\xi,\eta) = A_{\mathrm{r}} \exp\left[\mathrm{i}\varphi_{\mathrm{r}}(\xi,\eta)\right]\exp\left[-\mathrm{i}2\pi(\xi_{\mathrm{r}}\xi + \eta_{\mathrm{r}}\eta)\right] \tag{1.12}$$

为了便于处理，设振幅 $A_{\mathrm{r}} = 1$。

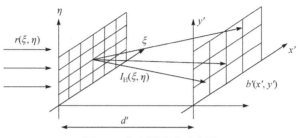

图 1.3　全息图重建示意图

在数字全息技术中，以一束参考光波 $r(\xi,\eta)$ 照射全息面，相当于对模拟的参考光波进行离散采样，得到数字参考光波 $r(k,l)$，从而得到的光场分布为

$$\begin{aligned} U(k,l) &= r(k,l)\cdot I_{\mathrm{H}}(k,l) \\ &= u_1(k,l) + u_2(k,l) + u_3(k,l) + u_4(k,l) \end{aligned} \tag{1.13}$$

式中，

$$\begin{aligned} u_1(k,l) &= A_0^2 \exp\left[\mathrm{i}\varphi_{\mathrm{r}}(k,l)\right]\exp\left[-\mathrm{i}2\pi(k_{\mathrm{r}}k + l_{\mathrm{r}}l)\right] \\ u_2(k,l) &= A_{\mathrm{r}}^2 \exp\left[\mathrm{i}\varphi_{\mathrm{r}}(k,l)\right]\exp\left[-\mathrm{i}2\pi(k_{\mathrm{r}}k + l_{\mathrm{r}}l)\right] \\ u_3(k,l) &= A_0 A_{\mathrm{r}} \exp\left[\mathrm{i}\varphi(k,l)\right] \\ u_4(k,l) &= A_0 A_{\mathrm{r}} \exp\left\{-\mathrm{i}\left[\varphi(k,l) - 2\varphi_{\mathrm{r}}(k,l)\right]\right\}\exp\left[-\mathrm{i}4\pi(k_{\mathrm{r}}k + l_{\mathrm{r}}l)\right] \end{aligned} \tag{1.14}$$

从式(1.14)可以看出，$u_1(k,l)$、$u_2(k,l)$ 与参考光波具有相同的相位，它们以参考光波的方向进行传播，即得到的是零级衍射光波；$u_3(k,l)$ 为 +1 级衍射光波，其包含了原始物光波振幅信息 A_0 和相位信息 $\varphi(k,l)$，而 A_{r} 已知，因此很容易分离出原始物光波信息；$u_4(k,l)$ 为 −1 级衍射光波，其包含了记录物体的共轭信息，以及一些附加相位信息 $2\varphi_{\mathrm{r}}(k,l)$，因此这一项成为畸变了的共轭像。

传统的光学全息重建过程是通过参考光波照射全息干板发生衍射从而重建原始物光波。在数字全息技术中，这一过程通过数值模拟在计算机中进行，所依据的理论是瑞利-索末菲(Rayleigh-Sommerfeld)衍射公式：

$$b'(x',y') = \frac{1}{\mathrm{i}\lambda}\iint I_{\mathrm{H}}(\xi,\eta)r(\xi,\eta)\frac{\exp(\mathrm{i}k\rho)}{\rho}\cos\theta\,\mathrm{d}\xi\mathrm{d}\eta \tag{1.15}$$

其中，

$$\rho = \sqrt{d'^2 + (\xi - x')^2 + (\eta - y')^2} \tag{1.16}$$

式中，$b'(x',y')$ 为重建的物光波；$I_{\mathrm{H}}(\xi,\eta)$ 为记录的全息图；$r(\xi,\eta)$ 为参考光波面；

$\cos\theta$ 为倾斜因子；θ 为物光波与参考光波的夹角，通常情况下，这个夹角很小，所以取 $\cos\theta \approx 1$。

在计算机中，可以利用式(1.15)实现数值重建计算，实现过程和物理重建过程一样。重建物光波的强度信息、相位信息可表示为

$$I(x', y') = \left| b'(x', y') \right|^2 \tag{1.17}$$

$$\varphi(x', y') = \arctan \frac{\text{Im}[b'(x', y')]}{\text{Re}[b'(x', y')]} \tag{1.18}$$

式中，$\text{Re}(\cdot)$ 和 $\text{Im}(\cdot)$ 分别表示对复数取实部和虚部。

1.2.3　数值重建算法

数字全息技术中典型的数值重建算法主要包括菲涅耳变换法、卷积积分法、角谱法[19-21]。

1. 菲涅耳变换法

菲涅耳变换法(Fresnel transform algorithm, FTA)是最早被提出也是目前数字全息图重建时使用最多的一种数值重建算法。当全息图的记录条件满足菲涅耳近似条件时，根据全息重建的基本原理和光波的标量衍射理论，利用基于菲涅耳-基尔霍夫衍射积分的菲涅耳近似对全息图进行数值重建,可获得原始物光波信息。对式(1.16)进行泰勒展开，有

$$\rho = d' + \frac{(\xi - x')^2}{2d'} + \frac{(\eta - y')^2}{2d'} + \frac{\left[(\xi - x')^2 + (\eta - y')^2\right]^2}{8d'^3} + \cdots \tag{1.19}$$

当记录尺寸 (ξ, η) 和重建尺寸 (x', y') 远远小于重建距离 d'，即满足菲涅耳衍射条件 $\left(d'^3 \gg \frac{\pi}{4\lambda} \left[(\xi - x')^2 + (\eta - y')^2\right]^2_{\max} \right)$ 时，可有

$$\rho \approx d' \left[1 + \frac{1}{2} \left(\frac{\xi - x'}{d'} \right)^2 + \frac{1}{2} \left(\frac{\eta - y'}{d'} \right)^2 \right] \tag{1.20}$$

将式(1.20)(称之为菲涅耳近似公式)代入式(1.15)，可得

$$\begin{aligned} b'(x', y') &= A \iint I_{\text{H}}(\xi, \eta) r(\xi, \eta) \exp\left\{ \frac{\text{i}\pi}{d'\lambda} \left[(\xi - x')^2 + (\eta - y')^2\right] \right\} \text{d}\xi \text{d}\eta \\ &= A \exp\left[\frac{\text{i}\pi}{d'\lambda} (x'^2 + y'^2) \right] \iint I_{\text{H}}(\xi, \eta) r(\xi, \eta) \exp\left[\frac{\text{i}\pi}{d'\lambda} (\xi^2 + \eta^2) \right] \\ &\quad \times \exp\left[-\frac{\text{i}2\pi}{d'\lambda} (x'\xi + y'\eta) \right] \text{d}\xi \text{d}\eta \end{aligned} \tag{1.21}$$

其中，

$$A = \frac{1}{\mathrm{i}\lambda d'} \exp\left(\mathrm{i}\frac{2\pi}{\lambda}d'\right) \tag{1.22}$$

记

$$u = \frac{x'}{d'\lambda} , \quad v = \frac{y'}{d'\lambda} \tag{1.23}$$

则式(1.21)可改写为

$$b'(u,v) = A\exp\left[\mathrm{i}\pi\lambda d'(u^2 + v^2)\right]\iint I_{\mathrm{H}}(\xi,\eta)r(\xi,\eta)$$
$$\times \exp\left[\frac{\mathrm{i}\pi}{d'\lambda}(\xi^2 + \eta^2)\right]\exp\left[-\mathrm{i}2\pi(u\xi + v\eta)\right]\mathrm{d}\xi\mathrm{d}\eta \tag{1.24}$$

由傅里叶变换定义有

$$b'(u,v) = A\exp\left[\mathrm{i}\pi\lambda d'(u^2 + v^2)\right]$$
$$\times \mathrm{FFT}\left\{I_{\mathrm{H}}(\xi,\eta)r(\xi,\eta)\exp\left[\frac{\mathrm{i}\pi}{d'\lambda}(\xi^2 + \eta^2)\right]\right\} \tag{1.25}$$

式中，FFT 表示快速傅里叶变换。

设 CCD 尺寸为 M 像素×N 像素，将式(1.25)离散化：

$$b'(m,n) = A\exp\left[\mathrm{i}\pi\lambda d'(m^2\Delta u^2 + n^2\Delta v^2)\right]$$
$$\times \sum_{k=0}^{M-1}\sum_{l=0}^{N-1} I_{\mathrm{H}}(k,l)r(k,l)\exp\left[\frac{\mathrm{i}\pi}{d'\lambda}(k^2\Delta\xi^2 + l^2\Delta\eta^2)\right]$$
$$\times \exp\left[-\mathrm{i}2\pi(k\Delta\xi m\Delta u + l\Delta\eta n\Delta v)\right] \tag{1.26}$$

式中，$m = 0,1,\cdots,M-1$；$n = 0,1,\cdots,N-1$。

根据采样定理，频率域采样增量与空间域采样增量之间有如下关系：

$$\Delta u = \frac{1}{M\Delta\xi} , \quad \Delta v = \frac{1}{N\Delta\eta} \tag{1.27}$$

又由式(1.23)可得出重建图形信息两点间的距离为

$$\Delta x' = \frac{d'\lambda}{M\Delta\xi} , \quad \Delta y' = \frac{d'\lambda}{N\Delta\eta} \tag{1.28}$$

重建图像上像素的大小 $(\Delta x',\Delta y')$ 与重建距离 d' 及 CCD 像素尺寸 $(\Delta\xi,\Delta\eta)$ 有关。因此，式(1.26)可写成

$$b'(m,n) = A\exp\left[\mathrm{i}\pi\lambda d'\left(\frac{m^2}{M^2\Delta\xi^2} + \frac{n^2}{N^2\Delta\eta^2}\right)\right]$$
$$\times \sum_{k=0}^{M-1}\sum_{l=0}^{N-1} I_{\mathrm{H}}(k,l)r(k,l)\exp\left[\frac{\mathrm{i}\pi}{d'\lambda}(k^2\Delta\xi^2 + l^2\Delta\eta^2)\right]$$
$$\times \exp\left[-\mathrm{i}2\pi\left(\frac{km}{M} + \frac{ln}{N}\right)\right] \tag{1.29}$$

由离散傅里叶变换定义，式(1.29)可以简写为

$$b' = A \cdot z(m,n) \cdot \text{DFT}\big[I_\text{H}(k,l) \cdot r(k,l) \cdot w(k,l)\big] \tag{1.30}$$

式中，$r(k,l)$ 为数字重建波；$I_\text{H}(k,l)$ 代表数字全息图；DFT 表示离散傅里叶变换；二维离散的变频函数为

$$w(k,l) = \exp\left[\frac{\text{i}\pi}{d'\lambda}(k^2\Delta\xi^2 + l^2\Delta\eta^2)\right] \tag{1.31}$$

$$\begin{aligned} z(m,n) &= \exp\left[\text{i}\pi\lambda d'\left(\frac{m^2}{M^2\Delta\xi^2} + \frac{n^2}{N^2\Delta\eta^2}\right)\right] \\ &= \exp\left[\frac{\text{i}\pi}{d'\lambda}(m^2\Delta x'^2 + n^2\Delta y'^2)\right] \end{aligned} \tag{1.32}$$

综上，菲涅耳变换法主要依据光波的标量衍射理论，适合于满足菲涅耳近似情况的全息图记录，计算过程比较简单。同时，选择的重建距离不同，所得重建像的像素尺寸就会有差异，从而使得三维物体的重建像分辨率有所不同。

2. 卷积积分法

卷积积分法的原理和菲涅尔变换法相同，只是将菲涅尔变换法基本公式中的时域相乘计算转变为频域中的卷积积分计算。

式(1.15)可以写为

$$b'(x',y') = \iint I_\text{H}(\xi,\eta)r(\xi,\eta)g(x',y',\xi,\eta)\text{d}\xi\text{d}\eta \tag{1.33}$$

其中，

$$\begin{aligned} g(x',y',\xi,\eta) &= \frac{1}{\text{i}\lambda}\frac{\exp(\text{i}k\rho)}{\rho}\cos\theta \\ &= \frac{d'}{\text{i}\lambda}\frac{\exp\left[\text{i}k\sqrt{d'^2 + (\xi-x')^2 + (\eta-y')^2}\right]}{d'^2 + (\xi-x')^2 + (\eta-y')^2} \end{aligned} \tag{1.34}$$

式中，$\cos\theta = d'/\rho$，$g(x',y',\xi,\eta) = g(x'-\xi,y'-\eta)$ 是空间不变量，为点扩展函数。

式(1.33)的等号右侧部分也可以看作 $I_\text{H}\cdot r$ 与 g 的卷积，用快速傅里叶变换可表示为

$$b'(x',y') = F^{-1}\big\{F\big[I_\text{H}(\xi,\eta)\cdot r(\xi,\eta)\big] \cdot F\big[g(\xi,\eta)\big]\big\} \tag{1.35}$$

式中，F 表示快速傅里叶变换；F^{-1} 表示快速傅里叶逆变换。

对式(1.35)进行离散化，即得

$$b'(m,n) = \text{IDFT}\big\{\text{DFT}\big[I_\text{H}(k,l)\cdot r(k,l)\big] \cdot \text{DFT}\big[g(k,l)\big]\big\} \tag{1.36}$$

式中，IDFT 表示离散傅里叶逆变换。且有

$$g(k,l) = \frac{d'}{\mathrm{i}\lambda} \frac{\exp\left[\mathrm{i}\dfrac{2\pi}{\lambda}\sqrt{d'^2 + (k - M/2)^2 \Delta\xi^2 + (l - N/2)^2 \Delta\eta^2} \right]}{d'^2 + (k - M/2)^2 \Delta\xi^2 + (l - N/2)^2 \Delta\eta^2} \tag{1.37}$$

由此可以得出用卷积积分法重建时重建像的像素间隔为

$$\Delta x' = \Delta\xi , \quad \Delta y' = \Delta\eta \tag{1.38}$$

可知，重建像的分辨率 $(\Delta x', \Delta y')$ 与重建距离 d' 无关，而是直接等于 CCD 的像素尺寸。因此采用卷积积分法时，重建像的分辨率不随重建距离的变化而变化，即重建像的尺寸保持不变。当需要记录大尺寸被测物体时，为充分利用 CCD 的空间带宽积，被测物体的衍射信息将占据 CCD 的整个感光面阵区域。如果采用卷积积分法，则数值重建的原始像和共轭像也将占据整个有效区域，即数值重建的原始像、共轭像和零级像将无法分离，产生重叠现象。因此，卷积积分法比较适用于被测物体整体尺寸小于 CCD 面阵尺寸的场合。在这种场合下，CCD 的感光面(全息图记录平面)足够容纳物体的原始像、共轭像和零级像。

3. 角谱法

角谱法(angular spectrum algorithm, ASA)是一种基于标量衍射理论中的角谱理论实现数值重建物光波场的方法。角谱理论中的衍射传递函数是频域的解析函数，它严格满足亥姆霍兹方程，且没有任何限制条件，因此它是衍射问题在频域的准确解。在直角坐标系中，矢量场 $\boldsymbol{E}(r)$ 可以分解为分量形式，用 $f(x,y,z)$ 表示其任意分量，则在 $z = 0$ 的平面上，$f(x,y,z)$ 为 $f_0(x,y,0)$。对 $f_0(x,y,0)$ 进行傅里叶展开，有

$$f_0(x,y,0) = \frac{1}{(2\pi)^2} \iint_{z=0} F_0(k_x, k_y, 0) \mathrm{e}^{\mathrm{i}(k_x x + k_y y)} \mathrm{d}k_x \mathrm{d}k_y \tag{1.39}$$

于是有

$$F_0(k_x, k_y, 0) = \iint_{z=0} f_0(x,y,0) \mathrm{e}^{\mathrm{i}(k_x x + k_y y)} \mathrm{d}x \mathrm{d}y \tag{1.40}$$

式中，$F_0(k_x, k_y, 0)$ 为 $f_0(x,y,0)$ 在 $z = 0$ 平面上的平面波角谱。

在 $z = z$ 平面上，有

$$f(x,y,z) = \frac{1}{(2\pi)^2} \iint_{z=z} F(k_x, k_y, z) \mathrm{e}^{\mathrm{i}(k_x x + k_y y)} \mathrm{d}k_x \mathrm{d}k_y \tag{1.41}$$

$$F(k_x, k_y, z) = \iint_{z=z} f(x,y,z) \mathrm{e}^{\mathrm{i}(k_x x + k_y y)} \mathrm{d}x \mathrm{d}y \tag{1.42}$$

$F_0(k_x, k_y, z)$ 为在 $z = Z_i$ 平面上沿着 $k_{z=Z_i} = k_x x + k_y y$ 方向传播的波，而 $f(x,y,z)$

为在 $z = Z_i$ 平面上传播的波，是 $z = Z_i$ 平面上沿着各个不同 $k_{z=Z_i} = k_x x + k_y y$ 方向传播的波的叠加。

注意，$f(x,y,z)$ 是 $f_0(x,y,0)$ 从 $z = 0$ 平面传播到 $z = Z_i$ 平面上的结果，因此，$f(x,y,z)$ 应满足亥姆霍兹方程：

$$\nabla^2 f(x,y,z) + k^2 f(x,y,z) = 0 \tag{1.43}$$

由于积分区间的不运动，有

$$\frac{\mathrm{d}^2}{\mathrm{d}z^2} F(k_x, k_y, z) + k^2 F(k_x, k_y, z) = 0 \tag{1.44}$$

式(1.44)存在如下解：

$$F(k_x, k_y, z) = A\mathrm{e}^{\pm ik_z z} \tag{1.45}$$

利用 $z = 0$ 的边界条件，可得

$$F(k_x, k_y, z) = F_0(k_x, k_y, 0)\mathrm{e}^{\pm ik_z z} \tag{1.46}$$

将计算机模拟原始参考光波与全息图相乘，根据式(1.11)，可以得到重建的原始物光波在全息记录面上的复振幅分布为

$$U(\xi, \eta) = u_1 + u_2 + u_3 + u_4 \tag{1.47}$$

结合式(1.11)可以知道 $u_1 + u_2$ 为重建像的零级衍射分量，参考光波的强度是均匀的，因此 u_3 为 +1 级衍射像，是虚像，即原始物光波的精确重现；u_4 为 −1 级衍射像，是共轭像。

设 $U(x_i, y_i; 0)$ 是重建距离 d 平面上的重建光场信息，(x_i, y_i) 是重建像的平面坐标，$U(x_i, y_i; 0)$ 的角谱为

$$A(\xi, \eta; 0) = F(u_1) + F(u_2) + F(u_3) + F(u_4) = A_1 + A_2 + A_3 + A_4 \tag{1.48}$$

经过滤波之后，根据角谱理论，A_3 在 $z = d$ 平面上的分布为

$$A_3(\xi, \eta; d) = A_3(\xi, \eta; 0)\mathrm{e}^{\pm ik_d d} \tag{1.49}$$

则物光波在 $z = d$ 平面上的复振幅为

$$U_3(x_i, y_i; d) = F^{-1}\left[A_3(\xi, \eta; d)\right] \tag{1.50}$$

从而得到重建物光波的强度和相位分别为

$$I(x_i, y_i; d) = \left|U_3(x_i, y_i; d)\right|^2 \tag{1.51}$$

$$\varphi(x_i, y_i; d) = \arctan\frac{\mathrm{Im}(U_3)}{\mathrm{Re}(U_3)} \tag{1.52}$$

为计算方便，将其写成用脉冲响应 $h(x,y;z)$ 表示的卷积形式，可得

$$u(x,y;z) = u_0(x,y;0) * h(x,y;z) \tag{1.53}$$

式中，*表示卷积运算；传递函数 $h(x,y;z)$ 的频域表达为

$$I_H(\xi,\eta;z) = F\big[h(x,y;z)\big] = \exp\left[ikz\sqrt{1-(\lambda\xi)^2-(\lambda\eta)^2}\right] \tag{1.54}$$

记

$$U_0(\xi,\eta;0) = F\big[u_0(x,y;0)\big], \quad U(\xi,\eta;z) = F\big[u(x,y;z)\big] \tag{1.55}$$

则输入、输出频谱间的关系为

$$U(\xi,\eta;z) = U_0(\xi,\eta;0) \times I_H(\xi,\eta;z) \tag{1.56}$$

$$u(x,y;z) = F^{-1}\big[U_0(\xi,\eta;0) \times I_H(\xi,\eta;z)\big] \tag{1.57}$$

为满足采样定理，采样间隔在时域与频域中应满足如下关系：

$$\Delta\xi = \frac{1}{M\Delta x}, \quad \Delta\eta = \frac{1}{N\Delta y} \tag{1.58}$$

式中，M、N 分别表示 x 和 ξ、y 和 η 方向的总采样点数。

为便于分析和比较输入、输出面上的光波场分布，通常在这两个垂直于光轴的平行平面上取相同的空间离散间隔和计算窗口尺寸，于是空间离散间隔为

$$\Delta x = \sqrt{\frac{\lambda z}{M}}, \quad \Delta y = \sqrt{\frac{\lambda z}{N}} \tag{1.59}$$

可得特征距离为

$$z_c = \frac{M\Delta x^2}{\lambda} \tag{1.60}$$

衍射距离 $z < z_c$，对应近场衍射，按照通常的采样间隔可以准确计算出衍射分布。衍射距离 $z > z_c$，对应远场衍射，当衍射距离增大后，若采样点数不变，则空间采样间隔必然增大，导致周期性拓展的角谱在高频部分产生叠加，因此衍射计算失败，即用角谱法进行远场的衍射计算时，输入光波场角谱的高频部分是直接导致计算失败的原因。

1.3 数字全息技术常用概念辨析

1.3.1 数字全息测量与数字干涉测量

数字全息测量技术和数字干涉测量技术均基于光学干涉原理，获得微观区域内表面的微观结构形貌，但两者解调干涉信息的技术方法不同，因此各有不同的特点：①数字干涉测量技术以标准参考面为基准，参考光波和被测光波汇合干涉形成干涉条纹图，通过直接分析条纹图获得干涉平面上的物光波信息，对应物体表面轮廓信息；②数字全息测量技术以参考光波为基准，物光波与参考光波之

间形成干涉条纹图(更多称为全息图)，基于光学衍射原理，通过数值模拟参考光波对全息图进行逆衍射重建，获得原始物平面上的物光波；③干涉测量技术要求条纹图明晰、无交叉，以实现条纹图高精度的准确处理，但数字全息测量技术的全息图对干涉条纹没有要求，取决于被测物体的光学特性(如漫反射、纯反射或纯透射等)和全息图类型(如离轴全息图、同轴全息图或相移全息图等)，条纹不会影响逆衍射运算。

1.3.2　同轴全息图与离轴全息图

根据物光波与参考光波是否同轴，可把数字全息图分为同轴全息图和离轴全息图。同轴全息中物体中心、参考光波中心和全息图中心位于同一根轴线上，但是重建时零级像、原始像和共轭像相互重叠而影响观察，通常需要连续拍摄几幅相移全息图并依据相移算法来消除零级像和共轭像的干扰[3]，因此其适用范围受到限制；离轴全息顾名思义就是物体中心与参考光波源的中心之间有一夹角，夹角的大小可通过改变参考镜的位置确定，其优点是重建时零级像、原始像和共轭像之间会自然分开，不会互相干扰，使得重建光场中显示相互分离的零级像、原始像和共轭像，易于实时观察。

1.3.3　傅里叶变换全息图与菲涅耳全息图

根据记录光路中被测物体与 CCD 之间是否有透镜可以分为有透镜和无透镜两种，分别得到不同的全息图类型——傅里叶变换全息图和菲涅耳全息图。在有透镜光路中，透镜后焦面的光场分布是其前焦面光场分布的傅里叶变换，得到的是傅里叶变换全息图而非物光波本身，傅里叶变换全息图因引入透镜而导致记录的全息图可能产生畸变，且重建时会产生像的线模糊和色模糊，两者都会影响分辨率，因而对记录时光源的尺寸及重建光源线宽要严格控制。菲涅耳全息图则没有这个问题，直接记录物光波，只要记录距离满足菲涅耳近似条件即可。

参 考 文 献

[1] Schnars U, Jüptner W. Direct recording of holograms by a CCD-target and numerical reconstruction[J]. Applied Optics, 1994, 33(2): 179-181.

[2] Ferraro P, Coppola G, de Nicola S, et al. Digital holographic microscope with automatic focus tracking by detecting sample displacement in real time[J]. Optics Letters, 2003, 28(14): 1257-1259.

[3] Yamaguchi I, Ida T, Yokota M, et al. Surface shape measurement by phase-shifting digital holography with a wavelength shift[J]. Applied Optics, 2006, 45(29): 7610-7616.

[4] Kemper B, Von B G. Digital holographic microscopy for live cell application and technical inspection[J]. Applied Optics, 2008, 47(4): A52-A61.

[5] 王华英, 刘景波, 张亦卓, 等. 高分辨率数字全息相衬成像技术[J]. 深圳大学学报(理工版), 2008, 25(4): 55-60.

[6] Mayssa K, Christophe P, Mohamed G, et al. Evaluation of interlaminar shear of laminate by 3D digital holograph[J]. Optics and Lasers in Engineering, 2017, 92: 57-62.

[7] McFarland J C, Khoo T C, Sharikova A, et al. Design of a dual wavelength digital holographic imaging system for the examination of layered structures[C]. SPIE Optical Systems Design Conference, Frankfurt, 2018: 10690130-1-10690130-7.

[8] Paturzo M, Pagliarulo V, Bianco V, et al. Digital holography, a metrological tool for quantitative analysis: Trends and future applications[J]. Optics and Lasers in Engineering, 2018, 104: 32-47.

[9] Zhou W J, Peng K Q, Yu Y J. Surface roughness measurement and analysis of mechanical parts based on digital holography[J]. Advances in Manufacturing, 2016, 4(3): 217-224.

[10] Fernández M V, Gonçalves E, Rivera J L V, et al. Development of digital holographic microscopy by reflection for analysis of surface[J]. Results in Physics, 2018, 11: 182-187.

[11] Di J L, Li Y, Wang K Q, et al. Quantitative and dynamic phase imaging of biological cells by the use of the digital holographic microscopy based on a beam displacer unit[J]. IEEE Photonics Journal, 2018, 10(4): 1-10.

[12] Wang J W, Dong L, Chen H G, et al. Birefringence measurement of biological tissue based on polarization-sensitive digital holographic microscopy[J]. Applied Physics B: Photophysics and Laser Chemistry, 2018, 124(12): 124-240.

[13] Chen X, Zhao J L, Wang J, et al. Measurement and reconstruction of three-dimensional configurations of specimen with tiny scattering based on digital holographic tomography[J]. Applied Optics, 2014, 53(18): 4044-4048.

[14] Rajput S K, Matoba O, Awatsuji Y. Characteristics of vibration frequency measurement based on sound field imaging by digital holography[J]. OSA Continuum, 2018, 1: 201-212.

[15] Trivedi V, Joglekar M, Mahajan S, et al. Digital holographic imaging of refractive index distributions for defect detection[J]. Optics and Laser Technology, 2019, 111: 439-446.

[16] Li S F, Zhao Y. SNR enhancement in in-line particle holography with the aid of off-axis illumination[J]. Optics Express, 2019, 27(2): 1569-1577.

[17] Jozwicka A, Kujawinska M. Digital holographic tomography for amplitude-phase microelements[C]. Conference on Lasers and Electro-Optics Europe, Munich, 2005: 59580G-1-59580G-9.

[18] 吴迎春, 吴学成, 王智化, 等. 压缩感知重建数字同轴全息[J]. 光学学报, 2011, (11): 84-89.

[19] Haddad W S, Cullen D, Solem J C, et al. Fourier-transform holographic microscope[J]. Applied Optics, 1992, 31(24): 4973-4978.

[20] Schnars U, Juptner W. Digital recording and numerical reconstruction of holograms[J]. Measurement Science and Technology, 2002, 13(9): 85-101.

[21] Baumbach T, Osten W, von Kopylow C, et al. Remote metrology by comparative digital holography[J]. Applied Optics, 2006, 45(5): 925-934.

第 2 章　数字显微全息技术

　　相对于色彩斑斓的宏观世界，微观世界也蕴含着无穷奥妙。对微观世界的探索与发现是认识整个世界的窗口，也是人们寻找生活乐趣的途径之一。数字显微全息技术便是探索微观世界的一项重要技术手段，是数字全息技术与光学显微技术的融合，其技术核心源于传统全息技术原理，即通过光的衍射特性和相干特性，记录及重建显微物体的强度信息和相位信息。本章从数字显微全息技术的发展及其应用概况入手，着重探讨分析数字显微全息图数字记录与数值重建的关键因素，并开展数字显微全息表面粗糙度测量的实验分析。

2.1　数字显微全息技术发展及其应用概况

2.1.1　数字显微全息技术发展

　　数字显微全息技术的发展与应用是全息技术与显微镜技术的融合、发展和进步。对于数字显微全息技术的研究始于 20 世纪 80 年代末，主要是受计算机技术、数字图像采集技术和数字信号处理技术的影响。1987 年，Liu 和 Scott[1]改善了全息图的数值重建算法，并应用于微粒测量，这是数字显微全息技术的初步应用。1992 年，Haddad 等[2]提出一种基于傅里叶变换全息图数值重建的全息显微镜。1997 年，Yamaguchi 和 Zhang[3]首次利用相移数字全息三维显微镜基于多张全息图重建三维空间中花粉微粒尺寸和位置的分布信息。1999 年，Cuche 等[4]用单幅全息图同时数值重建显微物体(包括透明和非透明显微物体)的三维振幅信息和三维相位信息，获得活体细胞表面的三维轮廓分布。数字全息技术中常用到三种典型的数值重建算法，即卷积法[5]、菲涅耳变换法[6]和角谱法[2]。重建算法本身就是影响重建精度的主要因素，因此一些相关延伸方法也被提出，如相位迭代法[1,7-10]、小波变换法[11]等，以及基于多幅全息图重建的相移技术[3,12-18]、双(多)波长技术[19-23]，以提高重建精度或扩展重建相位范围。

　　虽然数字全息技术已有了基本重建算法和一些应用，但是如何提高相位信息的重建精度、如何抑制或补偿误差信息、如何提高横向分辨率、如何实现实时稳定的测量及动态监测等问题，仍然有待于进一步解决。研制数据采集、分析、数值重建、显示一体化的商品化产品，是数字显微全息技术得以更好应用和发展的重要途径。Lynceetec 公司于 2006 年推出了世界上第一款基于数字显微全息技术的专利产品——DHM-1000 显微镜[24]，可以实现透射或反射物体的轮廓测量、微机械的变形测量、细胞的形态测量等。

2.1.2　数字显微全息技术与其他相关显微测量技术的比较

目前能够实现三维物体显微轮廓观察与定量分析的非接触测量技术已经较多，杰出的代表包括共焦扫描显微技术[25-28]、扫描探针显微技术[29-31]、干涉显微技术[32]及近年迅速发展起来的数字显微全息技术等，并都有相关商品化仪器推出。

共焦扫描显微技术已具有超衍射极限的高分辨率、高成像对比度并能够实现层析成像，例如，基于该技术的日本 Olympus 公司的 OLS3000 激光共焦扫描显微镜，在目前同类产品中其分辨率是最高的，横向分辨率可达 0.1μm，轴向分辨率为 10nm。共焦扫描测量仪器主要受扫描速度的限制，且对系统配件如扫描实现装置的要求比较高。

扫描探针显微技术已达原子级高分辨率，可以分辨出单个原子、实时获得三维图像、实现原子或分子层的局部表面结构分析，但应用中也存在一些局限性，如需要严格控制探针与样本之间纳米级的距离、探针针尖尺寸和质量对精度影响较大、扫描驱动环节不适于动态观测、活体生物样本需硬化处理等。

2.1.3　数字显微全息技术国内外应用概况

数字显微全息技术的应用已经非常广泛和深入，如用于各类显微光学元件及 MEMS 显微器件的变形[10,19,33-35]或面形测量[20,21,36-41]、微粒的尺寸测量[42]或微粒三维空间位置的测量[43,44]、物体空间位移的测量[45,46]、生物样本[47-51]和显微相位物体三维信息的重建[52]、透明体或活体细胞的研究与观察[4,17,53-55]，物质的参数如泊松比和热膨胀系数等的测量、振动测量[56]、空间旋转三维角度测量[57]等，已涉及很多研究领域，如微光学、微机电系统、生物芯片、激光加工、生命科学、医疗诊断和流体学等。

国外，德国、瑞士、美国、日本和瑞典等国家对全息干涉测量技术的研究和应用比较活跃，一些大学的实验室和科研机构已经提供了丰富的研究思路和成功的应用案例。

1) 生物细胞等纯相位样本的形貌测量及动态观测

数字显微全息技术比扫描探针显微技术和共焦扫描显微技术在"实时"和"无损"方面更具优势，更符合活细胞内生物单分子研究的基本要求和基本特点，即实时、快速、高灵敏度、高时空分辨率以及无损或微损检测[58]。Marquet[54]

就利用数字显微全息技术开展了针对活体细胞的研究，获取了培养皿中活体细胞的纯相位对比图，实现活老鼠皮质神经元的三维位相重建，细胞体尺寸约为 8~10μm。

2) 微机电器件测量

数字显微全息技术能够完成微机电器件的位移、形状或各类变形(如温度变形、力变形和静电变形)等的精确测量，具有装置简单、测量准确且快速、可非接触检测、实时性强等优点。Coppola 等[35]采用数字显微全息技术获得微型悬梁臂、桥臂和隔膜(尺寸范围为 1~50μm)的离面变形相位分布。

3) 空间微粒位置和核径迹探测

数字显微全息技术能够进行大量微粒三维空间中高分辨率的瞬态测量。日本京都理工大学机械与系统工程系利用数字同轴全息技术获得空间微粒光强度分布的三维显示，实现微粒位置的测量，单个微粒大小约为 0.16mm[45]。古巴圣地亚哥东方大学自然科学系及其合作小组对固体核径迹进行测量，每个蚀坑直径约为几百纳米[52]。

国内，南京师范大学[40]、昆明理工大学[15]、浙江师范大学[41]和上海大学[22]等也对数字显微全息技术的应用展开了研究，如微机电系统器件测量、全息图空间分辨率的改善、重建像的细节显示、相位光栅的显微结构重建等。

2.2　数字显微全息关键技术

数字显微全息技术与常规数字全息技术的不同之处主要表现在两方面：一是由于记录样本的显微特性，为提高系统的横向分辨率，显微全息记录时需要对物光波进行适当的放大；二是数值重建时需要抑制物光波放大过程中所引入的附加相位。

2.2.1　数字显微全息图的记录

根据记录样本的特性或其他不同的条件，数字显微全息记录系统有不同的分类方法。

根据参考光波与物光波是否分离，可分为同轴数字显微全息记录系统和离轴数字显微全息记录系统。在同轴数字显微全息记录系统中，参考光波与物光波同光轴，优点是对 CCD 的分辨率要求不高，散斑噪声低，系统装置简单，缺点是在重建像中零级像与实像、虚像不能分离。离轴全息技术的出现是全息技术的一个里程碑。在离轴数字显微全息记录系统中，参考光波与物光波有一定的夹角，其最大优点是零级与实像、虚像能够分离，可得到高清晰度的重建像，但对 CCD 的分辨率要求稍高，其记录光路系统也比同轴数字显微全息记录系统稍复杂。

根据记录样本的光学特性，可分为透射式数字显微全息记录系统和反射式数字显微全息记录系统。透射式数字显微全息记录系统常采用马赫-曾德尔干涉系统，而反射式数字显微全息记录系统更多采样经典的迈克尔逊干涉系统，两种记录方式所对应的数值重建算法本质上没有差别。

2.2.2　数字显微全息技术中的放大方式

根据显微记录样本的放大方式，可归结为无透镜放大数字显微全息方式[59]、预放大数字显微全息方式[15]和后放大数字显微全息方式[60]，如表 2.1 所示。无透镜放大数字显微全息方式是采用球面波照射记录样本，利用球面波的扩散传播特性实现显微物体的放大。预放大数字显微全息方式是采用显微透镜对样本进行直接放大，提高了系统的横向分辨率。后放大数字显微全息方式则是利用显微物镜对全息干涉图进行放大。

表 2.1　三种显微记录样本放大方式

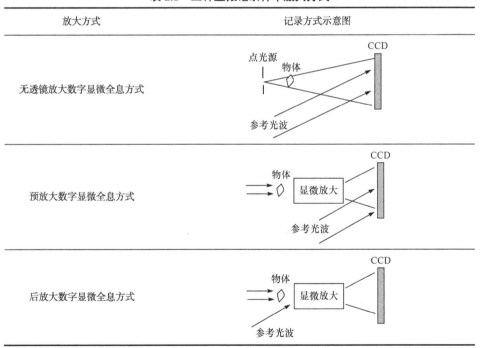

放大方式	记录方式示意图
无透镜放大数字显微全息方式	
预放大数字显微全息方式	
后放大数字显微全息方式	

无透镜放大数字显微全息方式的放大倍数取决于点光源与 CCD、点光源与记录样本之间的距离比，所以系统的整体尺寸将限制放大倍数。

预放大数字显微全息记录方式中，CCD 放置在物体像平面的前面或后面，全息图记录的是物体显微放大像，因此记录距离是放大像与 CCD 之间的距离。该像相对于原物体，不仅横向尺寸进行了放大，深度信息也进行了放大，且纵向放大倍率与横向放大倍率呈平方关系，即放大像为畸变的像；但对于相位型物体，由于纵向深度比横向尺寸要小很多，放大像的纵向畸变可忽略。当记录参考光波为球面波时，球面光波的中心位置应对应于显微物镜的焦点位置，以补偿由显微物镜在原始物光波中引入的二次项相位误差；如果位置调整不精确，则仍会在结果中引入相位误差。当记录参考光波为平面波时，CCD 记录的物光波中附加有显微物镜引入的二次项相位，在数值重建时需对该二次项畸变相位进行校正。

后放大数字显微全息记录方式中，由于全息图记录的依然是原物光波与参考光波之间的干涉，所以记录距离应该是记录样本与全息平面(位于显微物镜的物平面位置)之间的距离，而不是物体与 CCD 之间的距离，且没有引入球面相位。

2.2.3 数字显微全息技术中的误差抑制

零级像和共轭重建像、离焦误差、数字重建光波的倾斜误差、其他杂散斑，以及预放大数字显微全息方式中显微物镜引入的相位误差等，是影响重建像质量的主要误差。要获得高质量的重建像，提高重建精度，必须采取有效的方法来补偿或消除这些误差或影响，比较常用的方法有相移法[17]、HRO(hologram, reference, object)法[61]、频域滤波法[62-64]和空域滤波法[65]等。对于预放大数字显微全息方式中显微物镜引入的二次项相位误差，通常采用光路校正法[66,67]、数学校正法[68-70]和背景相减方法[71]来消除。

1) 相移法

相移法是通过采集多幅全息图，消除记录参考光波的影响，得到全息面上的物光波信息。此方法的重建精度较高，但需要多幅全息图，在采集过程中记录参考光波会产生相移，环境稳定性、物光波等必须严格保持不变，故不具备动态性，且相移误差应该加以考虑及校正。

2) HRO 法

HRO 法是通过记录全息图、参考光波和物光波三组数据，有效去除零级衍射斑的影响，但增加了实验量和存储量，且在采集三组数据的过程中，所有实验参数及实验条件必须保持不变，故很难应用于高速采集的情形。

3) 频域滤波法

频谱滤波法是指在离轴全息图所对应的频域信息中，零级衍射光斑对应的是低频成分，原始物光波频谱信息因被载波而分布在高频区域，因此可选用不同窗口、不同透过率的滤波器，不同程度地消除零级衍射斑、共轭像及其他杂散斑的影响。

4) 空域滤波法

空域滤波法是根据傅里叶光学的原理，选择合适的函数对全息图进行卷积运算，对全息图频谱分布起限制和选择的作用，相当于在全息图进行频谱滤波，对原始像频谱的权重进行了修正，削弱低频、加强高频，即去除了零级衍射斑，同时增强了原始像的频谱值。

5) 显微物镜二次项相位误差的校正

显微物镜二次项相位误差是指在数字显微全息系统中采用显微物镜对样本进行预放大时，根据透镜成像特性，其像光场分布在表达式上与物光波场分布相差一个二次项相位因子，从而导致重建物光波相位产生畸变。此畸变的校正可依靠数值算法，也可通过合理的光路布局，或采集背景全息图进行相减等来实现。

2.2.4　数字显微全息图的关键参数

1. 最佳记录距离

离轴数字显微全息图可以使数值重建出的原像与共轭像的频谱相互分离。在相应的离轴数字显微全息记录系统中，物光波与参考光波的夹角必须满足频谱分离条件和采样定理。设 ξ_{max} 为全息图频谱的最大空间频率，光源波长为 λ，CCD 像素尺寸为 Δh，则参考光波与物光波夹角 θ 的取值范围为

$$\arcsin(3\xi_{max}\lambda) \leqslant \theta \leqslant \frac{\lambda}{2\Delta h} \tag{2.1}$$

考虑到物光波频带宽度越大越好，物光波与参考光波的最理想夹角应为

$$\theta_{r=0} = \arcsin\left(\frac{3}{4} \times \frac{\lambda}{2\Delta h}\right) \tag{2.2}$$

在数字显微全息记录系统中，全息图记录的信息是物体的放大像，像平面到 CCD 的感光面距离越小，横向分辨率越大。对于一定大小的样本，为了让样本像平面上各点发出的球面子波与平面参考光波在 CCD 感光面上的夹角都小于物光波与参考光波的最大夹角，像平面到 CCD 感光面的距离必须足够大。

在如图 2.1 所示的离轴数字全息图记录光路中，设 D 为被放大的像平面视场直径，CCD 感光面的面径尺寸为 $L×L$，像平面到 CCD 感光面的距离为 d_1。

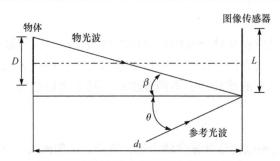

图 2.1   离轴数字全息图记录光路示意图

为了使像平面视场里的每一点都满足参考光波与物光波的夹角小于最大记录夹角的要求，需要让物光波与参考光波的最大夹角小于最大记录夹角。图 2.1 中，β 为像的最高点和 CCD 感光面最低点的连线与水平线的夹角。显然，$\theta + \beta$ 等于物光波与参考光波的最大夹角，则有

$$\theta + \beta \leqslant \frac{\lambda}{2\Delta h} \tag{2.3}$$

根据几何近似关系可得

$$\beta = \arctan \frac{D/2 + L/2}{d_1} = \frac{D+L}{2d_1} \tag{2.4}$$

将式(2.4)代入式(2.3)，化简后可得

$$d_1 \geqslant \frac{D+L}{2\left(\dfrac{\lambda}{2\Delta h} - \theta\right)} = \frac{D+L}{2\left(\dfrac{\lambda}{2\Delta h} - \dfrac{3}{4} \times \dfrac{\lambda}{2\Delta h}\right)} = \frac{4\Delta h(D+L)}{\lambda} \tag{2.5}$$

因为生物显微镜的物平面到像平面的距离通常为 195mm，所以设计数字显微全息记录系统时，物平面到 CCD 感光面的距离 d 应该为

$$d = 195 \pm d_1 = 195 \pm \frac{4\Delta h(D+L)}{\lambda} \tag{2.6}$$

式中，"+"对应像后全息；"−"对应像前全息。

2. 激光器有效光斑尺寸

激光器有效光斑尺寸通常会大于被测物体的显微尺寸，但是否需要大于 CCD 靶面尺寸，在此进行实验分析。实验中模拟一个正弦相位光栅作为被测物体，其表达式为

$$O(x,y) = A_0 \exp\left[i\pi \sin\left(\frac{\pi}{50}x\right) \right] \tag{2.7}$$

光栅尺寸(有效像素区域)为 180 像素×180 像素，像素区域内各点强度相等，周期为 100 像素；CCD 感光面的面径尺寸为 1024 像素×1024 像素，像素尺寸为 4.65μm，光源波长为 632.8nm，根据式(2.2)和式(2.6)可得理论最佳记录角度为 0.051rad，记录距离为 d_1=164.6mm。图 2.2(a) 为模拟的正弦相位光栅三维图，图 2.2(b) 为正弦相位光栅沿 x 轴的中心截面图。

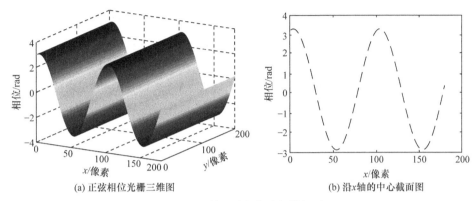

(a) 正弦相位光栅三维图   (b) 沿x轴的中心截面图

图 2.2 原始正弦相位光栅模拟图

现针对三种尺寸的光源光斑进行全息图记录及重建的模拟分析对比。

1) 光源有效光斑尺寸大于 CCD 感光面面径尺寸

在这种条件下，对正弦相位光栅进行卷积数值重建，结果如图 2.3 所示，其中图 2.3(a) 为重建相位三维图，图 2.3(b) 为重建相位沿 x 轴的中间截面图。图 2.4 为原始相位图和重建相位图沿 x 轴的中间截面图的对比图。由图 2.4 可知，重建相位和原始相位周期相等，形状趋于重合，即在该条件下，正弦相位光栅的数值重建结果良好。将原始相位与重建相位相减，得到其重建相位误差分布，如图 2.5 所示。

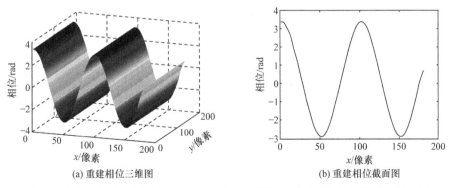

(a) 重建相位三维图   (b) 重建相位截面图

图 2.3 光源有效光斑尺寸大于 CCD 感光面面径尺寸时正弦相位光栅重建相位图

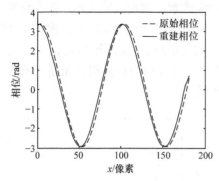

图 2.4　原始相位和图 2.3 所示相位效果对比图　　图 2.5　图 2.3 所示相位重建误差分布

设相位重建误差为

$$e_{\mathrm{r}} = \frac{|I_1 - I_2|}{I_2} \times 100\% \qquad (2.8)$$

式中，I_1 为重建光栅相位深度平均值；I_2 为原始光栅相位深度平均值。

　　计算得到原始光栅相位深度平均值 I_2 为 1.9797rad，重建光栅相位深度平均值 I_1 为 1.9477rad，代入式(2.8)，可以得到其重建相对误差为 1.61%，重建结果比较理想。

　　2) 光源有效光斑尺寸略大于光栅尺寸

　　在这种条件下，对正弦相位光栅进行卷积数值重建，结果如图 2.6 所示，其中图 2.6(a) 为正弦相位光栅重建相位三维图，图 2.6(b) 为重建相位沿 x 轴的中间截面图。图 2.7 为原始相位和重建相位沿 x 轴的中间截面图的对比图。由图 2.7 可知，当光源有效光斑尺寸仅略大于被测物体尺寸时，重建结果并不理想。图 2.8 为其重建相位误差分布。同理，根据式(2.8)计算得到重建相对误差为 5.93%。

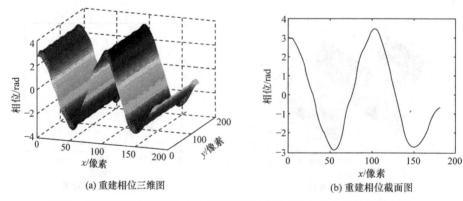

(a) 重建相位三维图　　　　　　　　　　(b) 重建相位截面图

图 2.6　光源有效光斑尺寸略大于光栅尺寸时正弦相位光栅重建相位图

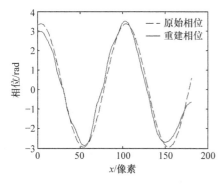

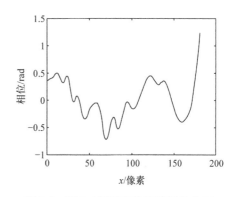

图 2.7　原始相位和图 2.6 所示相位效果对比图　　图 2.8　图 2.6 所示相位重建误差分布

3) 光源有效光斑尺寸等于光栅尺寸

在这种条件下，对正弦相位光栅进行卷积数值重建，结果如图 2.9 所示，其中图 2.9(a) 为正弦相位光栅重建相位三维图，图 2.9(b) 为重建相位沿 x 轴的中间截面图。图 2.10 为原始相位和重建相位沿 x 轴的中间截面图的对比图，可以看出重建结果与原始相位偏差较大。图 2.11 为其重建相位误差分布。同理，根据式(2.8) 计算得到重建相对误差为 7.92%，表明重建相对误差较大。其主要原因是，当光源有效光斑尺寸太小时，相位光栅的衍射光波不能被 CCD 充分记录，从而导致数值重建的结果误差较大。

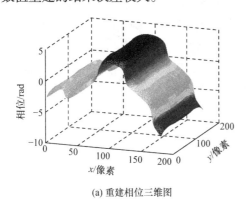

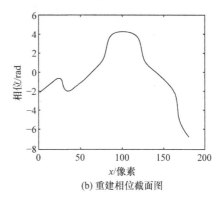

(a) 重建相位三维图　　　　　　　　　　　(b) 重建相位截面图

图 2.9　光源有效光斑尺寸等于光栅尺寸时正弦相位光栅重建相位图

由上述分析可知，当光源有效光斑尺寸远大于被测物体时(光源有效光斑区域达到最大，充满整个 CCD 感光面)，重建结果最理想。

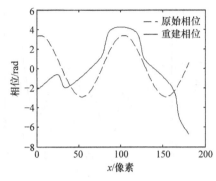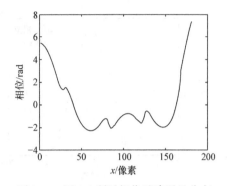

图 2.10　原始相位和图 2.9 所示相位效果对比图　　　图 2.11　图 2.9 所示相位重建误差分布

　　对上述模拟分析结论开展相应的实验验证。如图 2.12 所示，实验样本为标准分辨率板 USAF 上的 "USAF" 字样，但由于视场有效，仅记录下 "USA" 字符。图 2.12(a) 为光源有效光斑充满整个 CCD 感光面时的全息重建结果；图 2.12(b) 为光源有效光斑尺寸略大于被测物体时的全息重建结果；图 2.12(c)为光源有效光斑尺寸等于被测物体时的全息重建结果。对比三幅图可以看出图 2.12(a) 的重建结果最好，进一步验证了上述分析结果，即光源有效光斑充满整个 CCD 感光面时的重建结果最理想。

(a) 有效光斑充满CCD感光面　　　(b) 有效光斑尺寸略大于被测物体　　　(c) 有效光斑尺寸等于被测物体

图 2.12　光源有效光斑尺寸对全息图重建的影响实验结果

3. 视场尺寸

　　全息图的一个主要特点是 "可撕碎性"，即全息图任意区域都能完整重建出原始物体的信息，这是因为被测物体具有良好的散射性。对于数字显微全息系统而言，由于是对物体的放大像进行记录，虽然希望观测到的像(也就是视场)越大越好，以提高系统横向分辨率，但视场过大相当于光源有效光斑等于或者略大于观测区域尺寸，会导致全息重建效果不理想，所以在设计时应该特别注意其视场尺寸。

　　图 2.13 为正弦相位光栅不同视场尺寸时的重建相位。其中，图 2.13(a) 是光栅尺寸(有效像素区域)为 994 像素×994 像素(离 CCD 感光面边距为 30 像素)时原始相位和重建相位结果对比图，图 2.13(b) 是光栅尺寸(有效像素区域)为

974 像素×974 像素(离 CCD 感光面边距为 50 像素)时的原始相位和重建相位结果对比图。

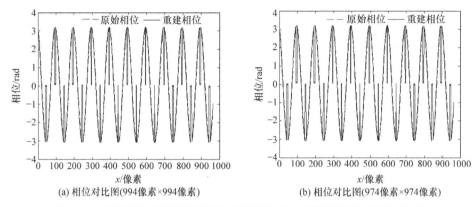

(a) 相位对比图(994像素×994像素)　　　　(b) 相位对比图(974像素×974像素)

图 2.13　正弦相位光栅原始相位和不同视场尺寸时的重建相位效果对比图

经计算可得，图 2.13(a) 的重建相对误差为 14.3%，图 2.13(b) 的重建相对误差为 1.67%。由此可知当视场边界距离 CCD 感光面边界 50 像素时，重建误差明显缩小，重建结果相对较为理想。因此在设计时，理论上视场边界距离 CCD 感光面边界最好在 50 像素以上。

2.3　数字显微全息表面粗糙度测量

2.3.1　数字显微全息表面粗糙度测量研究现状

目前国内外均已研制出表面粗糙度测量仪，但对于数字显微全息表面粗糙度测量技术尚没有成熟的应用仪器，多为实验研究。例如，Li 等[72]提出一种基于反射式离轴无透镜傅里叶变换的全息方法用来测量表面粗糙度，测量结果显示给定值分别为 1.6μm 和 3.2μm 的粗糙度样块的所测值与参考值之间的偏差为 5%～7%；Kim 等[73]利用数字显微全息技术测量不同拉伸速度情况下拉伸样本表面粗糙度的变化情况，结果显示全息干涉方法能测量多种样本的表面粗糙度；Song 等[74]将数字显微全息技术应用于薄膜厚度、表面形貌和粗糙度的测量，并与原子力显微镜测量结果进行比对，结果表明数字显微全息技术都能获得可靠的测量结果。

2.3.2　表面粗糙度常用参数的基本定义

表面粗糙度是加工物体表面上具有的由较小间距和峰谷组成的微观几何形状特征，一般是由所采用的加工方法和其他因素引起的，如加工过程中刀具与零件表面间的摩擦、切屑分离时表面层金属的塑性变形及工艺系统中的高频振动等。由于加工方法和工件材料不同,被加工物体表面留下的痕迹深浅、疏密、形状和纹理都存在差别。表面粗糙度越小,则表面越光滑,也称为微观不平度,它和表面形状误差、表面波纹度有一定的区别[73]。通常,波距小于 1mm 的粗糙度属于表面粗糙度,波距为 1~10mm 的粗糙度属于表面波纹度,波距大于 10mm 的粗糙度属于表面形状误差,如图 2.14 所示。

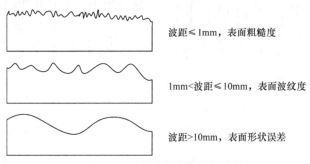

图 2.14 微观轮廓示意图

国家标准 GB/T 3505—2009《产品几何技术规范(GPS) 表面结构 轮廓法 术语、定义及表面结构参数》从表面粗糙度特征的幅度、间距等方面,规定了相应的评定参数,以满足机械产品对零件表面的各种功能要求,其中一个粗糙度评定参数是轮廓算术平均偏差 R_a,涉及取样长度和基准线两个专用术语。

取样长度以 l 表示,是用于判别被评定轮廓不规则特征的 x 轴方向上的长度,即测量和评定表面粗糙度时所规定的一段长度。对取样长度进行规定是为了限制和减弱被测表面的其他几何形状误差,特别是表面波纹度对评定表面粗糙度的影响,因为所选取的取样长度不同,得出的表面粗糙度值也不同。国家标准 GB/T 1031—2009《产品几何技术规范(GPS) 表面结构 轮廓法 表面粗糙度参数及其数值》中给出了取样长度的选取规则,规定取样长度 l 视表面粗糙度参考值的大小而定,选取规则如下:①10μm< R_a ≤80μm,l=8.0mm;②2μm< R_a ≤10μm,l=2.5mm;③0.1μm< R_a <2μm,l=0.8mm;④0.02μm< R_a ≤0.1μm,l=0.25mm;⑤0.008μm≤ R_a ≤0.02μm,l=0.08mm。

基准线是为了定量地评定粗糙度值而确定的一条线,常用的基准线是轮廓算术平均中线。设一条取样长度 l 的轮廓曲线为 $y(x)$,基准线表示为 $\bar{y}$,其计算方法为[74]

$$\bar{y} = \frac{1}{l} \int_0^l y(x)\mathrm{d}x \qquad (2.9)$$

则 R_a 是在一个取样长度 l 内轮廓偏距绝对值的算术平均值,即纵坐标 $y(x)$ 与基准

线 $\bar{y}$ 之间的偏距绝对值的平均值，用数学表达式记为

$$R_\mathrm{a}=\frac{1}{l}\int_0^l\left|y(x)-\bar{y}\right|\mathrm{d}x \tag{2.10}$$

2.3.3　数字显微全息图重建相位与物体表面粗糙度值之间的映射

图 2.15 为一段取样长度为 l 的轮廓曲线。$y(x)$ 表示轮廓曲线，$\bar{y}$ 是取样长度的基准线，为轮廓算术平均中线。

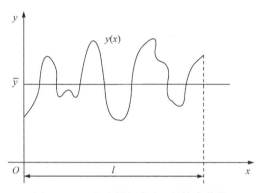

图 2.15　一段取样长度为 l 的轮廓曲线

数字显微全息图中包含被测表面的强度信息和相位信息，而相位信息需要与被测表面的三维分布直接进行量化映射。用数字显微全息技术测量表面粗糙度就是根据相位信息与被测零件表面微观形貌之间的关系，计算出表面微观轮廓量化值。图 2.16 为光线垂直入射物体表面示意图。假设光线垂直照射被测表面，$y(x)$ 是轮廓函数，y_1 是轮廓最高点所在的直线。

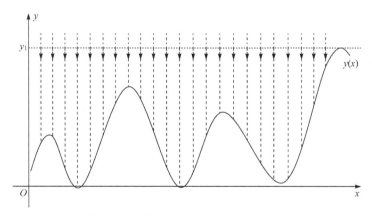

图 2.16　光线垂直入射物体表面示意图

图 2.17 为没有物体放置在光路时的光波反射情况，也可视为参考光波光路的

反射情况，此时相位差为

$$\varphi_1(x) = \frac{2\pi}{\lambda} 2y_1 \tag{2.11}$$

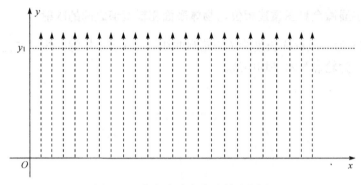

图 2.17　参考光波光路反射示意图

有物体放置在光路时的光波反射情况如图 2.18 所示，即物光波光路的反射情况，此时相位差为

$$\varphi_2(x) = \frac{2\pi}{\lambda} \left[2y_1 - 2y(x) \right] \tag{2.12}$$

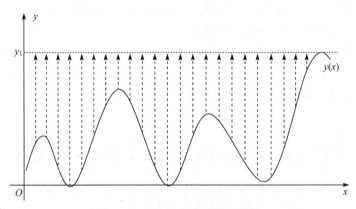

图 2.18　物光波光路反射示意图

参考光波和物光波的相位差可由式(2.11)与式(2.12)相减得到：

$$\varphi(x) = \frac{4\pi}{\lambda} y(x) \tag{2.13}$$

则表面轮廓 $y(x)$ 与相位 $\varphi(x)$ 之间的关系为

$$y(x) = \frac{\lambda}{4\pi} \varphi(x) \tag{2.14}$$

再结合式(2.9)、式(2.10)和式(2.14)推导 R_a 与相位 $\varphi(x)$ 之间的关系，可得

$$
\begin{aligned}
R_a &= \frac{1}{l}\int_0^l \left| y(x) - \frac{1}{l}\int_0^l y(x)\mathrm{d}x \right| \mathrm{d}x \\
&= \frac{\lambda}{4\pi l}\int_0^l \left| \varphi(x) - \int_0^l \varphi(x)\mathrm{d}x \right| \mathrm{d}x
\end{aligned}
\tag{2.15}
$$

式(2.15)即反映了数字显微全息技术获得的物体表面相位信息与物体表面粗糙度之间的量化映射关系。

2.4　数字显微全息表面粗糙度测量系统设计及实现

数字显微全息表面粗糙度测量系统包括硬件系统和软件系统。硬件系统完成被测物体表面微观形貌的全息图数字记录；软件系统完成数字全息图的数值处理，包括全息图相位信息重建、分析和计算，以获得表面粗糙度的测量结果。图像采集器件 CCD 用来将硬件系统和软件系统连接，实现全息图的数字记录和保存。

硬件系统设计包括光路结构设计和机械结构设计。光路结构设计依据光学测量原理进行光路的布局和光学器件的选配；机械结构设计主要考虑光路的固定、功能调节和整体框架装配，以满足系统的光学特性和成像质量的要求。本节主要完成光路结构的设计、标定与实验。

依照上述思路，设计预放大式反射型离轴全息光路系统，如图 2.19 所示。从

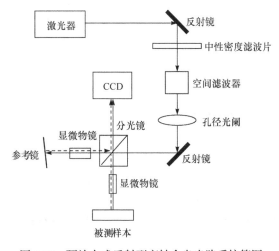

图 2.19　预放大式反射型离轴全息光路系统简图

激光器发射出的一束激光，经中性密度滤光片通过空间滤波器进行光准直，经反射镜到分光棱镜分成两束光，一束经过显微物镜到达被测样本表面再原路返回至分光棱镜，另一束经显微物镜到达参考镜再反射回分光棱镜，两束光汇合形成干涉，由 CCD 记录干涉图(全息图)，干涉图中包含被测样本的表面信息。

系统中采用氦氖激光器，其输出激光波长为 633nm，中性密度滤光片旋转控制光源透过率，以调节光能量。空间滤波器在空间坐标系 x、y、z 三个方向上均有调节螺旋杆，控制三个方向上的位置，同时采用精密千分尺控制小孔位置和物镜的聚焦，并配合 10 倍显微物镜一起使用。孔径光阑的作用是限制轴上成像光束的大小，其光孔中心位于标准的光轴高度，与滤波器上显微物镜之间的距离按照显微物镜的焦距严格控制。CCD 采用 Imaging Source 公司的产品，像素尺寸为 4.65μm。

2.5 数字显微全息表面粗糙度测量系统标定及实验分析

本节首先对数字显微全息表面粗糙度测量系统在横向和纵向上的测量精度进行标定，然后针对不同放大倍数、不同样本进行表面粗糙度测量实验，并对测量结果进行比较分析，评估数字显微全息表面粗糙度测量系统的有效性。

2.5.1 系统标定

数字显微全息表面粗糙度测量系统既可以测量横向尺寸，也可以测量纵向高度，因此需要对两个方向上的放大倍数或测量误差进行标定。实验中分别采用标准分辨率板和标准台阶高度块作为横向放大倍数和纵向高度的标定样本。标准分辨率板 USAF 的线对分布如图 2.20(a) 所示，标准台阶高度块 VLSI SHS-880 QC 如图 2.20(b) 所示。分光棱镜与样本之间、分光镜与参考镜之间都没有安装显微物镜。

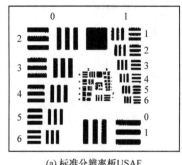

(a) 标准分辨率板USAF   (b) 标准台阶高度块

图 2.20 数字显微全息表面粗糙度测量系统横向放大倍数和纵向高度标定样本

1) 横向放大倍数标定

标准分辨率板 USAF 的外形尺寸为 50mm×50mm，共有 0～5 六组线对，每组中包含 1～6 六个元素，每一组的每个元素对应的频率都不同，即线对宽度不同。每个元素的具体宽度值见表 2.2。

表 2.2　标准分辨率板 USAF 线对宽度　　　　　　　(单位：μm)

元素	第 0 组	第 1 组	第 2 组	第 3 组	第 4 组	第 5 组
1	500	250	125	62.5	31.3	15.6
2	445	223	111	55.7	27.8	13.9
3	397	198	99.2	49.6	24.8	12.4
4	354	177	88.4	44.2	22.1	11.0
5	315	157	78.7	39.4	19.7	9.84
6	281	140	70.2	35.1	17.5	8.77

标定实验选择视野中成像质量相对较好、元素刻线相对较完整的第 1 组线对元素 5 和元素 6 的全息图作为评估对象。图 2.21(a) 为其数字全息图，图 2.21(b) 为基于卷积法重建得到的强度分布，沿水平方向(箭头方向)在线对 6 的刻线上取五个不同位置的横向截线。取每幅截线图中三条刻线的平均宽度值作为有效评估值，得到五条截线对应的平均线对宽度(以像素计)，分别为 64.3 像素、65.6 像素、61.7 像素、60.6 像素、61.7 像素，已知 CCD 的像素尺寸为 4.65μm，因此平均线对宽度值(以长度计)分别为 298.995μm、305.040μm、286.905μm、281.790μm、286.905μm，五条截线的平均值为 291.927μm。由表 2.2 可查得第 1 组中元素 6 的理论线对宽度值为 140μm，与测量值 291.927μm 比较，可得系统的横向放大倍数约为 2.09。

 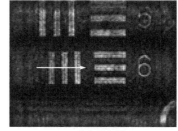

　　　　(a) 全息图　　　　　　　　　　　　　(b) 重建强度图

图 2.21　标准分辨率板 USAF 标定结果

2) 5 倍显微物镜纵向高度标定

标准台阶高度板 VLSI SHS-880 QC 的台阶标准高度为 88nm，可实现数字显微全息测量系统的纵向高度标定，如图 2.22 所示。其中，图 2.22(a) 为局部区域的全息图，图 2.22(b) 为全息图的频谱分布，图 2.22(c) 为频谱图中矩形区域重建的相位分布。沿纵向(箭头方向)在五个不同位置取截线，每段截线都包含两个完整的台阶,依据式(2.14)计算获得对应的高度分布,其中一条截线的分布如图 2.22(d)所示。每幅截线图中均包含两个台阶，可将两个台阶的平均高度作为每幅截线图的评估值，其平均值如表 2.3 所示。五个截线位置分别用 $P(1)$～$P(5)$表示，计算得到五幅图的平均值为 90.08nm，与标准值 88nm 比较，可得纵向高度的测量误差为 2.4%。

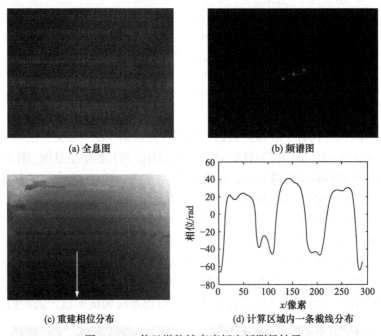

| (a) 全息图 | (b) 频谱图 |

(c) 重建相位分布　　　　　　(d) 计算区域内一条截线分布

图 2.22　5 倍显微物镜高度标定板测量结果

表 2.3　5 倍放大标准台阶高度板五段截线的高度、平均值及误差

截线位置	$P(1)$	$P(2)$	$P(3)$	$P(4)$	$P(5)$
高度/nm	80.30	89.42	93.68	97.21	89.77
平均值/nm			90.08		
误差/%			2.4		

3) 10 倍显微物镜纵向高度标定

10 倍显微物镜的纵向高度标定依然以标准台阶高度板 VLSI SHS-880 QC 为样本，按照上述过程获得被测样本表面的相位分布，如图 2.23 所示。计算表面高

度，任选五个截线位置以 $P(1)\sim P(5)$ 表示，得到的平均值为 89.56nm，与标准值 88nm 比较，高度测量误差为 1.8%，如表 2.4 所示。

(a) 数字全息图　　　　　　　　　　　(b) 频谱图

图 2.23　10 倍显微物镜高度标定测量结果

表 2.4　10 倍放大标准台阶高度板五段截线的高度、平均值及误差

截线位置	$P(1)$	$P(2)$	$P(3)$	$P(4)$	$P(5)$
高度/nm	90.01	89.53	89.91	90.02	89.56
平均值/nm			89.56		
误差/%			1.8		

综上，当样本没有进行预放大时，系统横向放大倍数约为 2.09，5 倍显微物镜和 10 倍显微物镜的纵向高度重建误差分别为 2.3%和 1.8%，可见系统测量精度与显微物镜放大倍率有关。

2.5.2　标准多刻线样板表面粗糙度测量

鉴于上述系统纵向高度的标定结果，在实验光路系统中增加显微物镜，构建预放大式反射型离轴显微全息图记录系统，针对标准多刻线样板开展表面粗糙度的测量。下面分别进行 5 倍放大和 10 倍放大的多刻线样板实验分析，并比较结果。

由于被测样本表面粗糙度信息的全息图数字记录和数值重建方法，以及表面粗糙度的计算过程和系统高度的标定过程是完全一样的，下面介绍的表面粗糙度测量过程将只列出不同样本的全息图、频谱图和表面粗糙度的测量数据，以表明数字显微全息测量方法的适用性和精度。

1) 5 倍放大的多刻线样板实验

实验中采用的多刻线样板(由上海市质量监督检查技术研究院长度测量室提供)为周期性轮廓刻线板，样板中间有一块矩形区域，区域内包含并排的周期性刻线，可作为粗糙度测量仪器的校验样板，其粗糙度参考值为 0.091μm。图 2.24 为系统采用 5 倍显微物镜时样本的数字全息图和频谱图。其中，图 2.24(a) 为所测区域的全息图，图 2.24(b) 是对应的频谱图。因为样本表面是周期性轮廓，漫反射较弱，所以频谱图中+1 级光斑比较集中，有利于进行频谱滤波和数值重建。

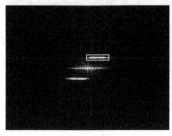

(a) 全息图　　　　　　　　　　　　　　(b) 频谱图

图 2.24　5 倍放大的多刻线样板实验结果

实验测得的表面粗糙度值和平均值见表 2.5，最终得到的平均值为 0.0987μm，与所给粗糙度参考值 0.091μm 比较，误差为 8.5%。

表 2.5　5 倍放大多刻线样板五段取样长度的表面粗糙度、平均值及误差

截线位置	$P(1)$	$P(2)$	$P(3)$	$P(4)$	$P(5)$
表面粗糙度/μm	0.091	0.0964	0.1012	0.1020	0.0979
平均值/μm			0.0987		
误差/%			8.5		

2) 10 倍放大的多刻线样板实验

图 2.25(a)和(b) 分别是系统采用 10 倍显微物镜时样本的数字全息图和频谱图。比较图 2.25(a) 与图 2.24(a)，可见由于系统倍数放大，全息图所能接收的表面区域减小，而频谱分布更集中。

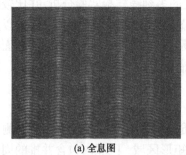

(a) 全息图　　　　　　　　　　　　　　(b) 频谱图

图 2.25　10 倍放大多刻线样板实验结果

表 2.6 给出了 10 倍放大后样本表面粗糙度及它们的平均值,最终得到的平均值为 0.0968μm,与所给粗糙度参考值 0.091μm 比较,误差是 6.4%。

表 2.6 10 倍放大多刻线样板五段取样长度的表面粗糙度、平均值及误差

截线位置	$P(1)$	$P(2)$	$P(3)$	$P(4)$	$P(5)$
表面粗糙度/μm	0.0958	0.1010	0.0948	0.0945	0.0979
平均值/μm			0.0968		
误差/%			6.4		

2.5.3 研磨样块表面粗糙度测量

图 2.26 为标准表面粗糙度比较样块(由上海市质量监督检查技术研究院长度测量室提供),是检测机械零件加工表面粗糙度的一种工作量具,按机械加工方式分为七组,其中一组是研磨样块,本节以研磨样块组中 R_a=0.025μm 和 R_a=0.05μm 的样块为实验对象(图中椭圆线圈区域所示)对机械精加工表面粗糙度进行测量。

图 2.26 标准表面粗糙度比较样块

1) 研磨样块 1 实验

图 2.27 为研磨样块 1(R_a=0.025μm)的表面粗糙度测量结果。其中,图 2.27(a) 为研磨样块 1 的数字全息图,图 2.27(b) 为全息图的频谱分布,可见研磨加工表面的漫反射特性使得频谱图有效信息区域比较分散。样本的粗糙度参考值为 0.025μm,依据国家标准规定由粗糙度参考值选定取样长度 l=0.25mm。表 2.7 给出了样块的五段取样长度的表面粗糙度、平均值及误差。

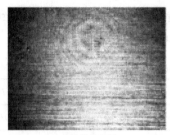
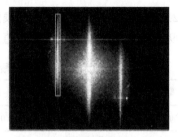

(a) 数字全息图　　　　　　　　　　　　　　(b) 频谱图

图 2.27　研磨样块 1 数字全息图和频谱分布

表 2.7　五段取样长度的表面粗糙度、平均值及误差(研磨样块 1)

截线位置	P(1)	P(2)	P(3)	P(4)	P(5)
表面粗糙度/μm	0.02539	0.2530	0.02485	0.02529	0.02538
平均值/μm			0.02524		
误差/%			0.9		

2) 研磨样块 2 实验

图 2.28 为研磨样块 2(R_a=0.05μm)的表面粗糙度测量结果。其中，图 2.28(a) 为研磨样块 2 的数字全息图，图 2.28(b) 为全息图的频谱分布。可见相对 R_a=0.025μm 的研磨样块 1，研磨样块 2 的表面更为粗糙。同样选定取样长度 l=0.25mm。表 2.8 给出了样块的五段取样长度的表面粗糙度、平均值及误差。

(a) 数字全息图　　　　　　　　　　　　　　(b) 频谱图

图 2.28　研磨样块 2 数字全息图和频谱分布

表 2.8　五段取样长度的表面粗糙度、平均值及误差(研磨样块 2)

截线位置	P(1)	P(2)	P(3)	P(4)	P(5)
表面粗糙度/μm	0.05331	0.05343	0.05230	0.05291	0.05247
平均值/μm			0.05247		
误差/%			4.9		

　　实验结果表明，数字全息技术应用于机械加工表面粗糙度测量，在表面粗糙度小于 100nm 时起伏高度越小，测量精度越高；同时由于被测样本的表面特性不同，对应数字全息图的频谱分布特点也不同，从而对基于频谱窗口滤波方法实现数值重建的结果是有影响的。

参 考 文 献

[1] Liu G, Scott P D. Phase retrieval and twin-image elimination for in-line Fresnel holograms[J]. Journal of the Optical Society American A, 1987, 4(1):159-165.

[2] Haddad W, Cullen D, Solem J C, et al. Fourier-transform holographic microscope[J]. Applied Optics, 1992, 31(24): 4973-4978.

[3] Yamaguchi I, Zhang T. Phase-shifting digital holography[J]. Optics Letters, 1997, 22(16): 1268-1270.

[4] Cuche E, Bevilaqua F, Depeursinge C. Digital holography for quantitative phase contrast imaging[J]. Optics Letters, 1999, 24(5): 291-293.

[5] Demetrakopoulos T, Mittra R. Digital and optical reconstruction of images from sub-optical diffraction patterns[J]. Applied Optics, 1974, 13(3): 665-670.

[6] Yaroslavskii L P, Merzlyakov N S. Methods of Digital Holography[M]. New York: Consultants Bureau, 1980.

[7] Zhang Y, Pedrini G, Osten W, et al. Whole optical wave field reconstruction from double or multi in-line holograms by phase retrieval algorithm[J]. Optics Express, 2003, 11(24): 3234-3241.

[8] Zhang Y. Phase retrieval microscopy for quantitative phase-contrast imaging[J]. Optik, 2004, 115(2): 94-96.

[9] Liebling M, Blu T, Cuche E. Local amplitude and phase retrieval method for digital holography applied to microscopy[C]. European Conferences on Biomedical Optics, Munich, 2003: 210-214.

[10] Ferraro P, Core C D, Miccio L, et al. Phase map retrieval in digital holography: Avoiding the under sampling effect by a lateral shear approach[J]. Optics Letters, 2007, 32(15): 2233-2235.

[11] Buraga-Lefebvre C. Application of wavelet transform to hologram analysis: Three-dimensional location of particles[J]. Optics and Lasers in Engineering, 2000, 33(6): 409-421.

[12] Zhang T, Yamaguchi I. Three-dimensional microscopy with phase-shifting digital holography[J]. Optics Letters, 1998, 23(15): 1221-1223.

[13] 周文静, 彭姣, 于瀛洁. 基于数字全息技术的变形测量[J]. 光学精密工程, 2005, 13(z1): 46-51.

[14] Yamaguchi I, Kato J, Ohta S, et al. Image formation in phase-shifting digital holography and applications to microscopy[J]. Applied Optics, 2001, 40(34): 6177-6186.

[15] 袁操今, 钟丽云, 朱越, 等. 预放大相移无透镜傅里叶变换显微数字全息术的研究[J]. 激光杂志, 2004, 25(6): 51-53.

[16] Yu Y J, Zhou W J. Phase shift digital holography in image reconstruction[J]. Journal of Shanghai University, 2006, 10(1): 59-64.

[17] Chalut K J, Brown W J, Wax A. Quantitative phase microscopy with asynchronous digital

holography[J]. Optics Express, 2007, 15(6): 3047-3052.

[18] Gross M, Atlan M. Digital holography with ultimate sensitivity[J]. Optics Letters, 2007, 32: 909-911.

[19] Seebacher S, Osten W, Wagner C. Combined measurement of shape and deformation of microcomponents by holographic interferometry and multiple wavelength contouring[C]. International Conference on Optical Engineering for Sensing and Nanotechnology, Yokohama, 1999: 58-69.

[20] Wagner C, Osten W, Seebacher S. Direct shape measurement by digital wavefront reconstruction and multi-wavelength contouring[J]. Optical Engineering, 2000, 39(1): 79-85.

[21] Muller J, Kebbel V, Juptner W. Digital holography as a tool for testing high-aperture micro-optics[J]. Optics and Lasers in Engineering, 2005, 44(7): 3-15.

[22] Zhou W J, Yu Y J. 3-D reconstruction of phase grating via digital micro-holography[C]. International Symposium on Instrumentation Science and Technology, Harbin, 2006: 1418-1423.

[23] Parshall D, Kim M K. Digital holography microscopy with dual-wavelength phase unwrapping[J]. Applied Optics, 2006, 45(3): 451-459.

[24] Emery Y, Cuche E, Marquet F. Digital holography microscopy (DHM): Fast and robust systems for industrial inspection with interferometer resolution[C]. Proceedings of the SPIE, Optical Measurement Systems for Industrial Inspection, Munich, 2005: 930-937.

[25] Somekh M G, See C W, Goh J. Wide field amplitude and phase confocal microscope with speckle illumination[J]. Optics Communications, 2000, 174(14): 75-80.

[26] 赵启韬, 苗俊英. 激光共聚焦显微镜在生物医学研究中的应用[J]. 北京生物医学工程, 2003, 22(1): 52-54.

[27] Park J S, Choi C K, Kihm K D. Optically sliced micro-PIV using confocal laser scanning microscopy (CLSM)[J]. Experiments in Fluids, 2004, 37(1): 105-119.

[28] 邱丽荣. 超分辨光瞳滤波理论及其共焦传感技术研究[D]. 哈尔滨: 哈尔滨工业大学, 2005.

[29] 朱杰, 孙润广. 原子力显微镜的基本原理及其方法学研究[J]. 生命科学仪器, 2005, 3(1): 22-26.

[30] 章健. 原子力与光子扫描隧道组合显微镜功能性样机[D]. 大连: 大连理工大学, 2005.

[31] 冯晓强, 贺锋涛, 张东玲, 等. 采用 DDS 的近场扫描光学显微镜探针-样品的纳米距离检测[J]. 光子学报, 2005, 34(5): 726-729.

[32] Millerd J, Brock N, Hayes J. Fringe[M]. Berlin: Springer, 2006.

[33] Schedin S, Pedrini G, Tiziani H J. Pulsed digital holography for deformation measurements on biological tissues[J]. Applied Optics, 2000, 39(16): 2853-2857.

[34] Kebbel V. Application of digital holographic microscopy for inspection of micro-optical components[C]. Proceedings of the SPIE, Lasers in Metrology and Art Conservation, Munich, 2001: 189-197.

[35] Coppola G, Ferraro P, Iodice M, et al. A digital holographic microscope for complete characterization of microelectromechanical systems[J]. Measurement Science and Technology, 2004, 15(3): 529-539.

[36] Charriere F, Kuhn J, Colomb T, et al. Microlenses metrology with digital holographic microscopy[C]. Proceedings of the SPIE, Optical Measurement Systems for Industrial Inspection, Munich, 2005: 447-453.

[37] Pedrini G. Shape measurement of microscopic structures using digital holograms[J]. Optics Communication, 1999, 164(46): 257-268.

[38] Grilli S. Whole optical wavefields reconstruction by digital holography[J]. Optics Express, 2001, 9(6): 294-301.

[39] Yamaguchi I, Ohta S, Kato J I. Surface contouring by phase-shifting digital holography[J]. Optics and Lasers in Engineering, 2001, 36(5): 417-428.

[40] 吕捷, 王鸣. 微机电系统(MEMS)的干涉测量方法的研究进展[J]. 激光杂志, 2003, 24(5): 4-6.

[41] Ma L H. Numerical reconstruction of digital holograms for three-dimensional shape measurement[J]. Journal of Optical American: Pure Applied Optics, 2004, 6(4): 396-400.

[42] Thompson B J. Application of hologram techniques for particle-size determination[J]. Journal of the Optical Society of American, 1967, 6(3): 519-526.

[43] Pan G, Meng H. Digital holography of particle fields: Reconstruction by use of complex amplitude[J]. Applied Optics, 2003, 42(5): 827-833.

[44] Asundi A, Singh V R. Sectioning of amplitude images in digital holography[J]. Measurement Science and Technology, 2006, 17(1): 75-78.

[45] Murata S, Yasuda N. Potential of digital holography in particle measurement[J]. Optics and Laser Technology, 2000, 32(7): 567-574.

[46] Onural L, Ozgen M T. Extraction of three-dimensional object-location information directly from in-line holograms using Wigner analysis[J]. Journal of the Optical Society of American A, 1992, 9(2): 252-260.

[47] Pedrini G, Tiziani H J, Alexeenko L. Digital-holography interferometry with an image-intensifier system[J]. Applied Optics, 2002, 41(4): 648-653.

[48] Dirksen D. Lensless Fourier holography for digital holographic interferometry on biological samples[J]. Optics and Lasers in Engineering, 2001, 36(3): 241-249.

[49] Javidi B, Yeom S, Moon I, et al. Real-time automated 3D sensing, detection, and recognition of dynamic biological micro-organic events[J]. Optics Express, 2006, 14(9): 3806-3829.

[50] Moon I, Javidi B. Shape tolerant three-dimensional recognition of biological microorganisms using digital holography[J]. Optics Express, 2005, 13(23): 9612-9622.

[51] Jeong K, Turek J, Nolte D. Fourier-domain digital holographic optical coherence imaging of living tissue[J]. Applied Optics, 2007, 46(22): 4999-5008.

[52] Palacios F, Ricardo J, Palacios D, et al. 3D image reconstruction of transparent microscopic objects using digital holography[J]. Optics Communication, 2005, 248(1): 41-50.

[53] Carl D, Kemper B, Wernicke G, et al. Parameter-optimized digital holography microscope for high-resolution living-cell analysis[J]. Applied Optics, 2004, 43(36): 6536-6544.

[54] Marquet P. Digital holographic microscopy: A non invasive contrast imaging technique allowing quantitative visualization of living cells with subwavelength axial accuracy[J]. Optics Letters, 2005, 30(5): 468-470.

[55] Kemper B, Carl D, Schnekenburger J, et al. Investigation of living pancreas tumor cells by digital holographic microscopy[J]. Journal of Biomedical Optics, 2006, 11(3): 0340051-0340058.

[56] Fu Y, Pedrini G, Osten W. Vibration measurement by temporal Fourier analyses of a digital hologram sequence[J]. Applied Optics, 2007, 46(29): 5719-5727.

[57] Yu L F, Pedrini G, Osten W, et al. Three-dimensional angle measurement based on propagation vector analysis of digital holography[J]. Applied Optics, 2007, 46(17): 3539-3545.

[58] Osten W. Fringe 2005: The 5th International Workshop on Automatic Processing of Fringe Patterns[M]. Berlin: Springer Press, 2005.

[59] 于美文. 光学全息学及应用[M]. 北京: 北京理工大学出版社, 1996.

[60] 于美文. 光学全息及信息处理[M]. 北京: 国防工业出版社, 1984.

[61] Tuft V L. Group of technical optics[D]. Trondheim: Physics Norwegian University of Science and Technology, 2001.

[62] Cuche E, Marquet P, Depeursinge C. Spatial filtering for zero-order and twin-image elimination in digital off-axis holography[J]. Applied Optics, 2000, 39(23): 4070-4075.

[63] Nicola S D, Finizio A, Pierattini G, et al. Angular spectrum method with correction of anamorphism for numerical reconstruction of digital holograms on tilted planes[J]. Optics Express, 2005, 13(24): 9935-9940.

[64] Colomb T. Total aberrations compensation in digital holographic microscopy with a reference conjugated hologram[J]. Optics Express, 2006, 14(10): 4300-4306.

[65] 曾然, 赵海发, 刘树田. 数字全息重建像中零级干扰噪声消除及图像增强研究[J]. 光子学报, 2004, 33(10): 1229-1232.

[66] Mann C J, Yu L, Lo C M, et al. High-resolution quantitative phase-contrast microscopy by digital holography[J]. Optics Express, 2005, 13(22): 8693-8698.

[67] Ferraro P, Nicola S D, Finizio A, et al. Compensation of the inherent wave front curvature in digital holographic coherent microscopy for quantitative phase-contrast imaging[J]. Applied Optics, 2003, 42(11): 1938-1946.

[68] Colomb T, Montfort F, Kühn J. Numerical parametric lens for shifting, magnification, and complete aberration compensation in digital holographic microscopy[J]. Journal of the Optical Society of American A, 2006, 23(12): 3177-3189.

[69] Montfort F, Charrière F, Colomb T, et al. Purely numerical compensation for microscope objective phase curvature in digital holographic microscopy: Influence of digital phase mask position[J]. Journal of the Optical Society of American A, 2006, 23(11): 2944-2953.

[70] 周文静, 徐强胜, 于瀛洁. 数字显微全息中二次项相位误差的补偿[J]. 光子学报, 2009, 38(8): 1972-1976.

[71] Zhou W J, Yu Y J, Asundi A. Study on aberration suppressing methods in digital micro-holography[J]. Optics and Lasers in Engineering, 2009, 47(2): 264-270.

[72] Li Y, Wang D Y, Zhao J, et al. Surface roughness measurement by digital holography[C]. 5th International Symposium on Advanced Optical Manufacturing and Testing, Urumqi, 2010: 7656.

[73] Kim K S, Hong D P, Choi M Y, et al. Surface roughness pattern measurement of tensile specimen by using digital holography[J]. Advanced Materials Research, 2010, 97-101: 4387-4392.

[74] Song M, Ting C T K, Ding R. Thickness and roughness measurement using a reflective digital holographic microscope[C]. 4th International Conference on Experimental Mechanics, Singapore, 2009: 7522.

第 3 章　相移数字全息技术

相移数字全息技术是数字全息技术与相移技术的结合。在全息图记录方式上，相移数字全息技术多采用双光束准同轴记录光路。同轴全息图的数值重建结果中零级像和共轭像是混叠在一起的，因此可以利用相移技术采集多幅相移全息图，结合相移算法直接解调获得原始物光波在全息记录平面上的相位信息，同时消除零级像和共轭像。记录相移全息图时，通常由参考光波加入相移量，根据相移量的个数，可分为五步相移、四步相移、三步相移和两步相移技术。本章主要介绍相移数字全息技术的应用、几种常用相移数字全息技术的基本原理，并对正交两步相移数字全息技术着重开展分析和实验研究。

3.1　相移数字全息技术的应用

相移数字全息技术与常规数字全息技术的区别在于，常规数字全息技术是通过全息图的逆衍射运算获得原始物平面上的物光波信息，而相移数字全息技术可以直接利用不同相移算法计算获得原始物光波在全息干涉平面上的相位信息，非常适合静态的微观变形或微观形貌的精确测量。

1. 三维形貌测量和表面面形分析

三维形貌测量和表面面形分析的方法[1]有多种。周文静等[2]分析几种变形测量的实现方法，并提出“2+2”步相移数字全息技术变形测量方法，该方法具有较高的精度和系统动态特性。Vannoni[3]等利用波长相移的方法进行大口径空腔的三维形貌测量，可以实现内表面的三维形貌测量。Jang 等[4]和 Chen 等[5]设计了一个高速、非接触式、自动测量的光学检测系统，采用三步同步相移同轴数字全息记录光路，实现平面表面的微观形貌测量。文献[6]采用光栅相移法搭建四步同步相移同轴数字全息光路系统，实现机械加工件样本的表面加工污点检测。

2. 颗粒场和流场分析

相移数字全息技术在颗粒场、流场方面的应用主要是对场中颗粒物的三维定量测量[7]，如颗粒物直径、颗粒物空间三维位置分布、颗粒物无规则运动的速度等。Millerd 等[8]设计了一种新型的空间相移动态干涉系统，在 CCD 前放置一块像素化的相位掩膜板，通过对光路的相移操作来记录四幅同步相移全息图，利用该系统可实现对热气流密度分布的三维测量。

3. 生物医学应用

相移数字全息技术可实现活体细胞、透明生物组织的实时观察。Shaked 等[9,10]采用基于平行两步相移同轴全息的大视角显微技术观测到生物细胞的成长和微生物的运动过程，如图 3.1 所示。

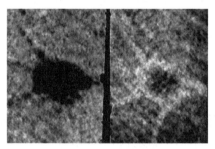 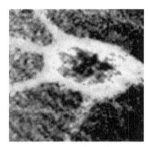

(a) 两步相移同轴全息图   (b) 数值重建神经元相位

图 3.1 相移同轴数字全息技术在生物医学中的应用[10]

Debnath 和 Park[11]提出通过快速、简单、实时的空间相移方法来定量提取相位，该方法的特点在于快速，其计算时间是傅里叶变换和希尔伯特变换法所花时间的二分之一，因此可以方便地应用于高速动态量化的相位成像。

3.2 相移数字全息技术原理

3.2.1 相移数字全息技术基本原理

假设到达 CCD 记录平面上的物光波和参考光波的复振幅分布分别为

$$O(x,y) = A_O(x,y)\exp[\mathrm{i}\varphi_O(x,y)]$$
$$r(x,y) = A_r(x,y)\exp[\mathrm{i}\varphi_r(x,y)] \tag{3.1}$$

式中，x 和 y 表示空间坐标；$A_O(x,y)$、$A_r(x,y)$ 分别表示物光波和参考光波在 CCD 记录平面上的振幅空间分布；$\varphi_O(x,y)$、$\varphi_r(x,y)$ 分别表示物光波和参考光波在 CCD 记录平面上的相位空间分布。

若物光波和参考光波在 CCD 平面内发生干涉，其干涉结果的强度分布可表示为

$$I(x,y) = I_0(x,y) + 2A_O(x,y)A_r(x,y)\cos[\varphi_O(x,y) - \varphi_r(x,y)] \tag{3.2}$$

式中，$I_0(x,y) = A_O^2(x,y) + A_r^2(x,y)$ 表示零级像强度分布。

在引入相移记录相移全息图时，令 $\varphi_r(x,y) = \varphi_{r_0}(x,y) + \delta_N(x,y)$，其中 $\varphi_{r_0}(x,y)$ 是参考光波的初始相位，$\delta_N(x,y)$ 是引入的相移量，N 是相移步数(N=1, 2, 3, …为正整数)。

进一步假设物光波和参考光波的相位差为 $\varphi(x,y) = \varphi_O(x,y) - \varphi_{r_0}(x,y)$，则相移全息图的数学表达式可表示为

$$I_N(x,y) = I_0(x,y) + 2A_O(x,y)A_r(x,y)\cos[\varphi(x,y) - \delta_N(x,y)] \tag{3.3}$$

式中，相移量 $\delta_N(x,y)$ 也称为相移步长，一般可分为定步长、等步长和广义相移。本节对定步长中的三步、四步、五步相移同轴全息技术进行简单的数学描述和推导。

3.2.2　三步相移同轴全息技术

在三步相移同轴全息技术中，假设参考光波的初始相位为 0，每一步的相移量为 $\pi/2$，则依据式(3.3)，三幅相移全息图的强度分布可表示为

$$I_1(x,y) = I_0(x,y) + 2\sqrt{A_O(x,y)A_r(x,y)}\cos\varphi(x,y)$$

$$I_2(x,y) = I_0(x,y) + 2\sqrt{A_O(x,y)A_r(x,y)}\cos\left[\varphi(x,y) + \frac{\pi}{2}\right] \tag{3.4}$$

$$I_3(x,y) = I_0(x,y) + 2\sqrt{A_O(x,y)A_r(x,y)}\cos[\varphi(x,y) + \pi]$$

忽略空间坐标，对式(3.4)中三个等式分别进行加减运算，可得

$$2\sqrt{A_O A_r}\cos\varphi = I_1 - I_3$$

$$2\sqrt{A_O A_r}\sin\varphi = 2I_2 - I_1 + I_3 \tag{3.5}$$

依据式(3.4)可以计算出 CCD 记录平面上的物光波复振幅，同时直接将式(3.5)上下两式相除导出物光波和参考光波相位差分布：

$$O(x,y) = \frac{I_1 - I_3 + i(2I_2 - I_1 - I_3)}{4\sqrt{A_r}}$$

$$\varphi_O(x,y) = \arctan\left(\frac{I_1 + I_3 - 2I_2}{I_1 - I_3}\right) \tag{3.6}$$

3.2.3　四步相移同轴全息技术

四步相移同轴全息技术需要进行三次相移操作，记录四幅相移全息图。假设参考光波的初始相位为 0，每一步的相移量为 $\pi/2$，则依据式(3.3)可得四幅相移全息图的强度分布表示为

$$I_1(x,y) = I_0(x,y) + 2\sqrt{A_O(x,y)A_r(x,y)}\cos\varphi(x,y)$$

$$I_2(x,y) = I_0(x,y) + 2\sqrt{A_O(x,y)A_r(x,y)}\cos\left[\varphi(x,y)+\frac{\pi}{2}\right]$$

$$I_3(x,y) = I_0(x,y) + 2\sqrt{A_O(x,y)A_r(x,y)}\cos\left[\varphi(x,y)+\pi\right]$$ (3.7)

$$I_4(x,y) = I_0(x,y) + 2\sqrt{A_O(x,y)A_r(x,y)}\cos\left[\varphi(x,y)+\frac{3\pi}{2}\right]$$

同样忽略空间坐标,四幅相移全息图两两相减可得

$$2\sqrt{A_O A_r}\cos\varphi = I_1 - I_3$$

$$2\sqrt{A_O A_r}\sin\varphi = I_4 - I_2$$ (3.8)

同理,计算 CCD 记录面上的物光波复振幅、原始物光波相位分布为

$$O(x,y) = \frac{I_1 - I_3 + \mathrm{i}(I_4 - I_2)}{4\sqrt{A_r}}$$

$$\varphi_O(x,y) = \arctan\left(\frac{I_4 - I_2}{I_1 - I_3}\right)$$ (3.9)

3.2.4　五步相移同轴全息技术

在五步相移同轴全息技术中,每步相移仍为 π/2,通过数学运算可以得到 CCD 记录面上的物光波复振幅以及原始物光波相位分布为

$$O(x,y) = \frac{I_1 + I_5 - 2I_3 + 2\mathrm{i}(I_2 - I_4)}{8\sqrt{A_r}}$$

$$\varphi_O(x,y) = \arctan\left[\frac{2(I_2 - I_4)}{I_1 + I_5 - 4I_3}\right]$$ (3.10)

综合式(3.6)、式(3.9)和式(3.10),可见对于三步、四步、五步相移同轴全息均可得到 CCD 记录平面上的物光波复振幅和相位信息。当全息图数量超过 3 时,可利用超出的全息图进行冗余计算,有助于对相移实现过程中的线性误差和 CCD 的非线性误差等系统误差进行抑制。但是全息图数量越多就意味着记录的次数越多,由周围环境扰动造成的随机误差也会增加。下面将着重介绍只需要两次记录的两步正交相移同轴全息技术。

3.3　两步正交相移同轴全息技术

3.3.1　两步正交相移同轴全息技术研究现状

两步相移是指只需要采集两幅相移全息图,但相移量依然是 π/2,通常称为

两步正交相移。目前，对于两步相移全息技术的研究主要关注于相移算法的改善与优化、精准相移角或实际相移角的确定和重建物光波复振幅的误差分析与校正。

1. 相移算法的改善与优化

传统的两步相移同轴全息技术需要记录两幅相移全息图以及物光波与参考光波强度图，以消除零级像和共轭像。Meng 等[12]和邱培镇等[13]提出一种只需要记录两幅相移全息图和一幅物光波强度图就可以有效去除零级像和共轭像的算法，而不需要参考光波强度图的记录。Liu 等[14]提出一种只需记录两幅正交相移全息图的算法，可以直接消除共轭像，并继续通过迭代方法搜寻参考光波强度，利用其与数值重建结果之间的相关系数(correlation coefficient)计算获得零级像，再加以消除。随后 Zhang 等[15]在 Liu 的算法基础上，提出缩小参考光波强度的取值范围从而简化算法计算量的优化方法，提高了两步相移算法的计算效率。但由于在缩小参考光波强度取值范围时只考虑了单一因素对取值范围的影响，而没有进行综合考虑，实质上参考光波强度的取值范围仍较大。为了进一步减小参考光波强度的取值范围，陈宝鑫等[16]研究影响取值范围的各种因素，得到新的较为合理的参考光波强度取值范围，实验结果表明所提出的方法能够有效减少算法的计算时间，且不影响重建像的质量。

2. 精准相移角或实际相移角的确定

相移角的精准确定是相移数字全息技术的重要环节。秦怡等[17,18]在精确相移角实现及实际相移角提取上有很多研究，主要思想是利用两幅强度图像之间的相关系数确定两步相移同轴全息中的实际相移角。Cai 等在实际相移量提取的算法上有诸多贡献，提出两步广义相移干涉技术，其核心思想是在相移全息图记录时采用任意相移角，而后通过一定的算法从相移全息图中提取出实际相移角的准确值[19-21]。

3. 重建物光波复振幅的误差分析与校正

相移误差是两步相移全息技术重建误差的主要来源，除采用高精度的相移器件减少硬件带来的相移误差外，数值校正也是误差抑制的方法之一。徐先锋等[22,23]研究相移误差对物光波重建结果的影响，提出相应的误差校正方法。由于两步相移同轴全息技术近年才开始发展，该项技术中有关重建物光波的误差分析与校正方面的成果还不多。

3.3.2　两步正交相移实现方法

两步正交相移同轴全息技术的基本思想如图 3.2 所示。和常规数字全息技术的基本思想类似，但多了相移全息图采集环节，因此需要精准控制相移量。目前，实现两步正交相移的方法包括压电陶瓷驱动法、偏振相移法、光栅相移法、双波长相移法、倾斜玻璃相移法等。各种方法基于不同原理，各有特点，适用于不同的实验条件，其中压电陶瓷驱动法最为常用，偏振相移法最易实现，倾斜玻璃相移法最简单。下面介绍上述三种相移方法的原理和特点。

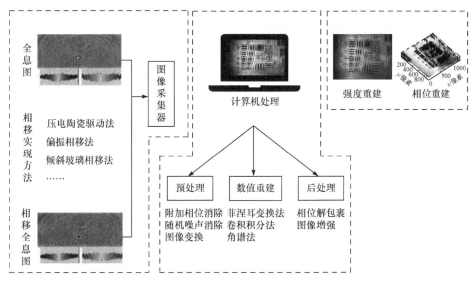

图 3.2　两步正交相移同轴全息技术的基本思想

1. 压电陶瓷驱动法

压电陶瓷驱动法是基于压电陶瓷材料的电致伸缩特性实现微相移驱动，是应用最为广泛的相移方法之一。压电陶瓷驱动法的相移原理如图 3.3 所示。将平面

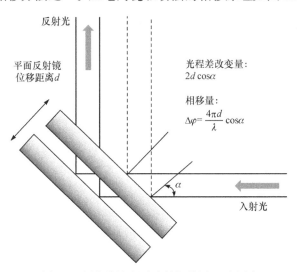

图 3.3　压电陶瓷驱动法的相移原理示意图

反射镜固定在压电陶瓷表面，构成压电陶瓷驱动微位移相移器(pieozelectric transducer, PZT)。压电陶瓷材料具有其特有的物理性能，当给其外加一定电压时，压电陶瓷整体会产生微小形变，进而固定在其上面的平面反射镜也发生微小移动。根据压电陶瓷材料的物理化学原理，其微小形变与外加电压存在一定的正比关系，因此可以通过电压驱动控制光波相移量。

参考光波传播至平面反射镜表面，其入射角为α，由压电陶瓷驱动器推动的平面反射镜径向位移距离为 d，结合几何光学，可得参考光波的光程改变量为$2d\cos\alpha$，对应相位差为

$$\Delta\varphi = \frac{4\pi d}{\lambda}\cos\alpha \qquad (3.11)$$

压电陶瓷驱动器的位移精度可达纳米级，因此相移器的精度也非常高。但压电陶瓷材料的电致伸缩存在固有的迟滞性和非线性的误差，导致相移存在非线性的系统误差和随机误差，通常需要对相移器进行复杂的标定或加入昂贵的反馈控制系统。

2. 偏振相移法

偏振相移法一般是通过偏振片与波片的组合使用来改变光波的偏振态，从而改变光波相位。图 3.4 为偏振相移法的原理示意图，在全息图记录光路系统的参考光波中依次加入线偏振片和波片。假设线偏振片的透振方向为沿着 y 轴，波片的快慢轴分别沿着 x 轴和 y 轴，入射的平面光波沿 z 轴传播，则在相移全息图的记录过程中，首先设置线偏振片的透振方向与波片的慢轴平行，记录相移前的第一幅全息图，然后旋转波片 90°，使得其快轴平行于线偏振片的透振方向，记录参考光波产生的相移后全息图，即相移全息图。

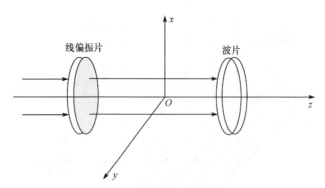

图 3.4　偏振相移法的原理示意图

两幅相移全息图之间的相位差与波片的厚度 d 和晶体波片的折射率存在定量关系：

$$\Delta\varphi = \frac{2\pi}{\lambda}d\cdot(n_\mathrm{o} - n_\mathrm{e}) \tag{3.12}$$

式中，n_o 和 n_e 分别表示波片晶体对 o 光和 e 光的折射率。采用常用的 $\lambda/4$ 波片，便可引入两步正交同轴全息所需的 $\pi/2$ 相移量。

采用偏振相移法，光路中涉及的光学元件少，操作方便，成本也较低。偏振相移法的特点在于相移实现过程中不会改变物光波和参考光波的光程，通过旋转偏振片就可以得到所需的相移量。但由于偏振片的旋转往往采用手动方式，其相移精度得不到保证。

3. 倾斜玻璃相移法

倾斜玻璃相移法只需要在采集全息图的光路中加入一块光学玻璃平板，其原理是利用旋转光学玻璃平板来改变光程差，进而引入相位差，如图 3.5 所示。首先将光学玻璃平板固定于精密旋转平台上，垂直于光轴加入参考光波中，并且使得光轴通过玻璃平板的中心，此时记录第一幅相移前的全息图；然后转动旋转平台带动光学玻璃平板改变一点角度，再记录第二幅相移全息图，即在两幅全息图之间引入一个相移量。假设光学玻璃平板的厚

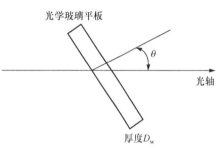

图 3.5　倾斜玻璃相移法的原理示意图

度为 D_w，转动的角度为 θ，就可以获得确定的引入的相移量：

$$\Delta\varphi = 2\pi D_\mathrm{w}\left(n_\mathrm{g}/\cos\theta - n_\mathrm{air}\right)/\lambda = \Delta\varphi_m + 2k\pi, \quad m=1,2 \tag{3.13}$$

式中，n_g 为光学玻璃平板的折射率；n_air 为空气折射率；k 为自然数。

因此，只要知道光学玻璃平板的旋转角度和厚度就可计算出精确的相移量。

倾斜玻璃相移法作为一种实现相移的方法，其结构和原理简单，成本极低，无需额外的光学元件就可轻松实现相移，特别适用于一些需要精简系统的相移同轴全息。但在一些需要高精度相移量的系统中，实际相移操作前往往需要对相移过程进行标定或采用其他较为方便的技术来控制玻璃平板的精准旋转角。

3.3.3　两步正交相移同轴全息技术基本原理

相移量 $\pi/2$ 的两幅相移全息图的数学表达式为

$$\begin{aligned}
I_1 &= |r + O|^2 = I_0 + 2r\cdot\mathrm{Re}(O) \\
I_2 &= |r\cdot\mathrm{e}^{\mathrm{i}\pi/2} + O|^2 = I_0 + 2r\cdot\mathrm{Im}(O)
\end{aligned} \tag{3.14}$$

式中，I_1 和 I_2 为两幅相移全息图的强度分布；r 为 CCD 记录平面上的参考光波振

幅，可视为平面波，故为实数；O 为到达 CCD 记录面上的物光波复振幅；I_0 是零级像，其计算如下：

$$I_0 = r^2 + |O|^2 \tag{3.15}$$

两步正交相移同轴全息技术的主要问题是如何消除零级像和共轭像，为此许多学者分别开展了不同算法的分析和实验研究。从传统两步相移到标准两步相移，再到简易两步相移，消除零级像和共轭像的算法或方法被逐步得到简化。

1. 传统两步相移同轴全息

由式(3.14)可以计算得到 CCD 记录面上的物光波复振幅，表示为

$$O = \frac{(I_1 - I_0) + \mathrm{i}(I_2 - I_0)}{2r} \tag{3.16}$$

可见只需从得到的两幅全息图中提取参考光波振幅 r 和零级像 I_0 的信息，就可以两步去除全息图中的零级像和共轭像。

传统两步相移同轴全息是通过额外的两次记录，分别记录物光波强度图和参考光波强度图，从而计算出参考光波振幅 r 和零级像 I_0，以此去除零级像和共轭像。因此，传统两步相移同轴全息实质上也是需要四次记录的。

2. 标准两步相移同轴全息

标准两步相移同轴全息的计算方法和传统两步相移同轴全息基本相同，只是在去除零级像和共轭像的算法上有所区别。标准两步相移同轴全息是通过搜寻参考光波的强度值迭代计算零级像 I_0，并加以消除。整个过程只需要两次记录即可得到两步相移数字全息。该算法认为 I_0 是 A_r 的函数，并通过构造相关系数来搜寻 A_r。

通过式(3.14)可构造出以 I_0 为未知数的一元二次方程，其数学表达式为

$$2I_0^2 - (4r^2 + 2I_1 + 2I_2)I_0 + (I_1^2 + I_2^2 + 4r^4) = 0 \tag{3.17}$$

据此可以解出含有参考光波振幅的 I_0 的两个解，取其负数解，因此零级像为

$$I_0 = \frac{I_1 + I_2 + 2r^2}{2} - \frac{\sqrt{(I_1 + I_2 + 2r^2)^2 - 2(I_1^2 + I_2^2 + 4r^4)}}{2} \tag{3.18}$$

结合式(3.15)和式(3.18)可知，只要确定参考光波的强度 r^2，就能计算得到零级像 I_0 和物光波在全息平面的强度分布，因此可以利用迭代搜索的思想来计算零级像 I_0。在迭代计算之前需要为参考光波强度 r^2 给定一个初始值和一个收敛条件。考虑到实际情况，式(3.18)中的 I_0 是实数而非虚数，因此必有

$$(I_1 + I_2 + 2r^2)^2 - 2(I_1^2 + I_2^2 + 4r^4) \geqslant 0 \tag{3.19}$$

求解可得

$$P = \left(\sqrt{\frac{I_1}{2}} - \sqrt{\frac{I_2}{2}} \right)^2 \leqslant r^2 \leqslant \left(\sqrt{\frac{I_1}{2}} + \sqrt{\frac{I_2}{2}} \right)^2 = Q \tag{3.20}$$

综合考虑各项条件，可以得到参考光波强度 r^2 的取值范围为 $\max(P) \leqslant r^2 \leqslant \min[\min(Q), \max(I_1))$。其中，$P$、$Q$ 为矩阵，$\max(\cdot)$ 和 $\min(\cdot)$ 分别表示取矩阵中的最大和最小元素。确定参考光波强度的取值范围后，可通过以下流程结合收敛条件来确定参考光波强度：

(1) 在 $\max(P) \leqslant r^2 \leqslant \min[\min(Q), \max(I_1))$ 范围内，每隔很小的 Δr^2 取一个待搜索的参考光波强度 r_{test}^2，结合式(3.18)计算得到估计零级像强度 I_0，并计算 $\sum_{i=1}^{M} \sum_{j=1}^{N} |I_0 - r_{\text{test}}^2|$。

(2) 画出与 r_{test}^2 一一对应的 $\sum_{i=1}^{M} \sum_{j=1}^{N} |I_0 - r_{\text{test}}^2|$ 的曲线，找到曲线最低点所对应的横坐标值。由于只有当 $r_{\text{test}}=r$ 时，$\sum_{i=1}^{M} \sum_{j=1}^{N} |I_0 - r_{\text{test}}^2|$ 值才最小，所以 $\sum_{i=1}^{M} \sum_{j=1}^{N} |I_0 - r_{\text{test}}^2|$ 的值达到最小可以作为收敛条件，此时对应的 r_{test}^2 即准确的参考光波强度值。

(3) 根据得到的准确的参考光波强度 r^2，通过式(3.18)计算得到零级像 I_0，进而通过式(3.16)获得去零级像和共轭像的全息图像。计算得到全息平面上的物光波复振幅分布，就可利用反衍射计算获得原始物平面的光波复振幅。

3. 简易两步相移同轴全息

与前两种两步相移同轴全息相比，简易两步相移同轴全息仅在全息图处理过程有所区别。该方法通过记录两幅相移全息图 I_1 和 I_2 构造出一幅复数全息图 I_{+1}，即

$$I_{+i} = I_1 + iI_2 = (1+i) \cdot I_0 + 2rO \tag{3.21}$$

式中，O 为原始物光波复振幅；r 为平面参考光波振幅，不影响原始物光波的相位信息。

因此，复数全息图可有效去除共轭像，数值重建后可直接获得原始物光波复振幅，从而免去了传统两步相移数字全息的四次记录，又避免了标准两步相移数字全息过程中繁琐的计算，在多数情况下可以获得满足要求的强度重建结果，但为了获得相位重建依然需要思考如何去除零级像。结合实际光学实验，可以将式(3.21)改写为

$$I_{+i} = I_1 + iI_2 = (1+i) \cdot (1+\beta) \cdot r^2 + 2rO \tag{3.22}$$

式中，β 是物光波强度与参考光波强度之比，为一常数，且 $\beta \ll 1$。

为了去除零级像，可以将去除零级像的全息图的数值表达式改写为

$$I = I_{+i} - A \cdot (1+i) \tag{3.23}$$

式中，$A \cdot (1+i)$为零级像，$A = (1+\beta) \cdot r^2 \approx r^2$，即近似等于参考光波的常数；$(1+i)$可以在数值重建过程中给定，只要找到$A$，重建信息中的零级像就能消除。

如果被测物体尺寸小于CCD面阵尺寸，则到达CCD平面的光波信息不仅有物光波的衍射波，还包含参考光波的直射光，即可利用全息图中的无衍射区域计算其强度值，而这个强度值可近似等于常数A。获得常数A后，利用式(3.23)就能得到新的全息图，该全息图的重建相位信息中不包含共轭像，也不包含直流项。

3.4　两步正交相移同轴全息技术模拟分析

本节基于两步正交相移同轴全息技术理论，进行计算机模拟分析。其中，模拟硬件采用的是个人计算机，软件环境是MATLAB R2014a，模拟的被测样本有强度型标准测试图像(Lenna头像)、MATLAB自带的Peaks函数以及相位型半球面。主要完成的模拟分析工作如下：①给出每一个模拟被测样本、物光波及数字全息图的相关模拟参数；②验证两步正交相移同轴全息技术中的标准两步相移同轴全息技术、简易两步相移同轴全息技术对强度型物体和相位型物体重建的可行性和有效性；③对两步正交相移同轴全息技术中的相关参数进行误差模拟分析，主要包括参考光波的倾斜误差、相移量误差和样本深度对相位重建的影响。

3.4.1　模拟分析中的样本参数

1. 强度型样本参数

强度型标准测试图像(Lenna图像)如图3.6所示，图像尺寸为512像素×512像素，全息图记录和重建距离为60mm，全息图尺寸为1024像素×1024像素，像素尺寸为4.65μm。激光器光源波长为632.8nm，参考光波为平面波。

2. 相位型样本参数

相位型样本Peaks函数的三维图及沿y轴的中间横截面分别如图3.7(a)和(b)所示，其中物光波数学表达式为

$$O(x,y) = 0.3\exp[i\varphi(x,y)] \tag{3.24}$$

图3.6　强度型标准测试图像(Lenna图像)[24]

式中，物光波的相位 $\varphi(x,y)$ 为 MATLAB 自带的 Peaks 函数表达。

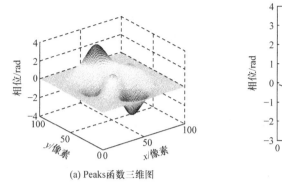

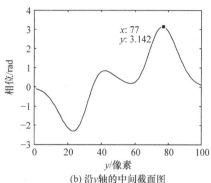

(a) Peaks 函数三维图　　　　　　(b) 沿 y 轴的中间截面图

图 3.7　相位型样本 Peaks 函数

Peaks 函数的最大相位深度为 π rad，有效像素区域为 100 像素×100 像素，全息图记录和重建距离均为 60mm，全息图尺寸为 1024 像素×1024 像素，单个像素尺寸为 4.65μm。激光器光源波长为 632nm，参考光波为平面波。

相位型半球面的三维图及沿 x 轴的中间横截面分别如图 3.8(a) 和 (b) 所示，物光波的数学表达式为

$$O(x,y) = \exp\left[i\varphi(x,y)\right] \tag{3.25}$$

式中，物光波的相位 $\varphi(x,y) = \sqrt{\pi^2 - (x^2 + y^2)}$ 。

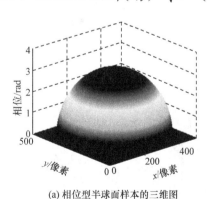

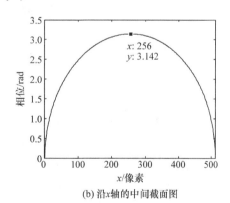

(a) 相位型半球面样本的三维图　　　　(b) 沿 x 轴的中间截面图

图 3.8　相位型半球面样本

相位型半球面的最大相位深度为 π rad，有效像素区域为 512 像素×512 像素，全息图记录和重建距离均为 60mm，全息图尺寸为 1024 像素×1024 像素，像素尺寸为 4.65μm。激光器光源波长为 632nm，参考光波为平面波。

3.4.2　标准两步相移同轴全息重建模拟

本节对标准两步相移同轴全息数值重建开展计算机模拟分析,模拟对象分别为强度型 Lenna 图像和相位型 Peaks 函数形成的相位物体。模拟参数如 3.4.1 节所述。

1. 强度重建

依据 3.4.1 节提供的模拟参数得到对应的相移全息图及全息平面物光波强度图,如图 3.9 所示。图 3.9(a) 为 0°相移全息图,图 3.9(b) 为 90°相移全息图。基于标准两步相移同轴全息技术思路分别找到参考光波和零级像 I_0,再根据式(3.18)计算得到全息记录平面上的物光波强度图,如图 3.9(c) 所示。利用卷积积分算法进行反衍射计算便可得到物平面上的原始物光波复振幅,其中重建图像如图 3.10(a)所示,图 3.10(b) 为原始图像。对比之下,两者几乎一样,表明标准两步相移同轴全息强度重建方法具有很好的可行性和有效性。

 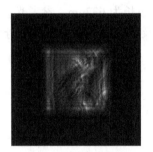 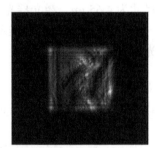

(a) 0°相移全息图　　　　　　　(b) 90°相移全息图　　　　　　(c) 全息平面物光波强度图

图 3.9　强度物体的相移全息图及全息平面上的物光波强度图

(a) 重建图像　　　　　　　　　　(b) 原始图像

图 3.10　强度物体的全息重建图像与原始图像

2. 相位重建

在强度重建之后进行相位重建的验证性模拟过程。记录参考光波依然为平面波，物光波及数字全息图的记录等相关参数保持不变。图 3.11(a)和(b)为记录的两幅相移全息图，明显能看出相移导致两幅全息图存在区别。依据找到的实际参考光波强度计算得到零级像 I_0，再计算得到全息平面上的物光波复振幅，其强度图如图 3.11(c) 所示。

  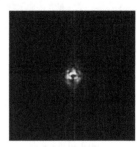

(a) 0°相移全息图　　　　(b) 90°相移全息图　　　　(c) 全息平面物光波强度图

图 3.11　相位物体的相移数字全息图及全息平面上的物光波强度图

图 3.12(a) 为重建原始物光波的相位分布(只显示有效像素区域)，图 3.12(b) 为重建相位与原始相位沿 y 轴的横截面图。对比可见重建相位与原始相位一致，表明标准两步相移同轴全息图可实现相位重建。

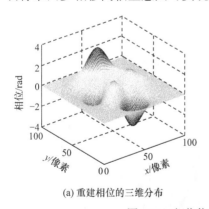 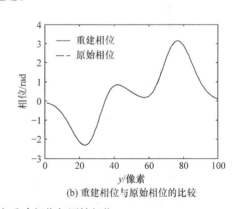

(a) 重建相位的三维分布　　　　　　　(b) 重建相位与原始相位的比较

图 3.12　相位物体的全息重建相位与原始相位

3.4.3　简易两步相移同轴全息重建模拟

本节对简易两步相移同轴全息数值重建开展计算机模拟分析，模拟对象分别是强度型 Lenna 图像和相位型 Peaks 函数形成的相位物体。模拟参数如 3.4.1 节所述。

1. 强度重建

对于全息图的强度信息重建，主要影响因素是共轭像，零级像的影响可以忽略。图 3.13(a)和(b)分别为强度型 Lenna 图像的 0°相移全息图和 90°相移全息图。依据式(3.21)计算得到复数全息图，图 3.13(c) 为复数全息图的强度分布，该复数全息图包含物光波的全部信息，没有共轭像的干扰，但是仍存在零级像。

 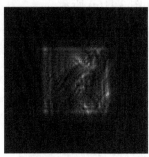

(a) 0°相移全息图   (b) 90°相移全息图   (c) 复数全息图的强度分布

图 3.13　Lenna 图像的相移全息图及构建的复数全息图强度分布

图 3.14 为不同全息图实现 Lenna 图像重建的强度像，其中图 3.14(a) 是复数全息图数值重建结果，图 3.14(b) 为相移全息图 I_2 数值重建结果。对比图 3.14(a) 和(b)，可见相移全息图中因包含零级像和共轭像导致重建强度像被干扰，而复数全息图已去除共轭像，可获得较好的重建强度像，表明简易两步相移同轴全息技术在强度信息重建上是有效的。

 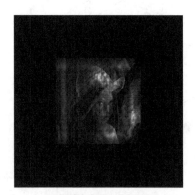

(a) 复数全息图重建强度   (b) 相移全息图 I_2 重建强度

图 3.14　不同全息图实现 Lenna 图像重建的强度像

2. 相位重建

图 3.15(a)和(b)为 Peak 相位物体的两幅相移全息图，图 3.15(c) 为计算得到的

复数全息图的强度分布。依据式(3.23)从原始相移全息图中选取无衍射区域计算其强度值近似为常数 A，再将原全息图减去零级像 $A(1+i)$，计算得到新的复数全息图，如图 3.15(d) 所示。可见，该图中不再包含零级像。

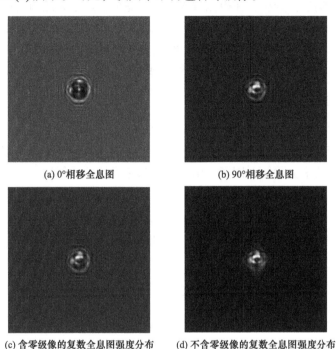

(a) 0°相移全息图　　　　(b) 90°相移全息图

(c) 含零级像的复数全息图强度分布　　(d) 不含零级像的复数全息图强度分布

图 3.15　Peak 相位物体的相移数字全息图及复数全息图的振幅分布

基于新的复数全息图进行数值重建得到原始物光波的相位分布。图 3.16(a) 为有效像素区域数值重建相位分布，图 3.16(b) 为重建相位与原始相位沿 y 轴的横截面图。对比图 3.16(b)中的两条截线，可知简易两步相移同轴全息技术同样可以实现较高质量的相位重建。

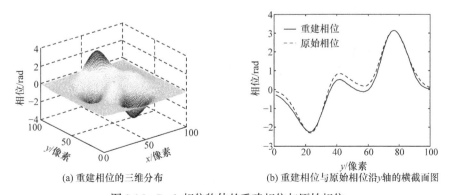

(a) 重建相位的三维分布　　(b) 重建相位与原始相位沿y轴的横截面图

图 3.16　Peak 相位物体的重建相位与原始相位

3.4.4　两步正交相移同轴全息相位重建误差分析

本节就参考光波的倾斜误差、相移量误差和样本相位深度等相关参数对相位重建结果的影响进行分析，在模拟过程中先要完全去除零级像和共轭像的影响。

选取相位型半球面作为样本，模拟参数如 3.4.1 节所述。相位重建误差定义为

$$重建误差 = \frac{|重建相位平均值 - 原始相位平均值|}{原始相位平均值} \tag{3.26}$$

1. 参考光波的倾斜误差

在两步相移同轴全息技术中，参考光波与物光波要求完全同轴，否则将引入参考光波的倾斜误差。因此，计算机模拟中可在记录参考光波加入倾斜因子，并在重建参考光波中去除倾斜因子，由此引入参考光波的倾斜误差。根据式(3.6)在参考光波中加入倾斜因子，可表示为

$$U_r = A_r \cdot \exp\left[i(\varphi_r + \delta_k)\right] \tag{3.27}$$

式中，A_r 为参考光波的实振幅；δ_k 为相移量，$k=1, 2$；φ_r 为因参考光波倾斜而引入的相位，φ_r 可表示为

$$\varphi_r = \frac{2\pi}{\lambda}(l_x + l_y) \tag{3.28}$$

式中，l_x 和 l_y 分别为参考光波沿 x 轴和 y 轴的倾斜因子。

倾斜误差数值重建模拟分析的结果如图 3.17 所示。模拟分析结果表明，若参考光波产生不同程度的倾斜误差，则物体重建相位也会有不同程度的畸变，且重建相位误差随着倾斜因子的增大而增大。因此，实验光路中必须保持物光波和参考光波的完全同轴。

　(a) $l_x=l_y=0$　　　(b) $l_x=0$, $l_y=0.0001$　　　(c) $l_x=0.0001$, $l_y=0$　　　(d) $l_x=0.0001$, $l_y=0.0001$

图 3.17　不同倾斜因子条件下的重建相位

2. 相移量误差

相移量误差是影响两步相移同轴全息相位重建质量的另一个重要因素。实际

应用中，由于相移器本身的系统误差、实验操作误差或环境变动等随机误差的影响，相移量总会存在一定的误差。

相移全息技术中常用的相移步长为 90°，考虑误差的存在，现设实际相移量为 $\delta=90°+\Delta\delta$，其中 $\Delta\delta$ 表示相移误差。若 $\Delta\delta=0$，则全息平面上的物光波复振幅为

$$O = \frac{(I_1 - I_0) + \mathrm{i}(I_2 - I_0)}{2R} \tag{3.29}$$

若 $\Delta\delta \neq 0$，则全息平面上的物光波复振幅为

$$O' = \frac{(I_1 - I_0) \cdot \cos(\Delta\delta) + \mathrm{i}\big[(I_2 - I_0) + (I_1 - I_0) \cdot \sin(\Delta\delta)\big]}{2R \cdot \cos(\Delta\delta)} \tag{3.30}$$

显然，式(3.30)与式(3.29)有所不同，如果仍然使用式(3.29)进行数值重建，重建相位将受到相移量误差的影响。

依据上述思路，现分别模拟相移量从 1° 到 180°变化时对应获得原始物光波的重建相位分布，相位重建误差按照式(3.26)进行定义。图 3.18 为重建相位误差与相移量的关系曲线，表明相移量误差对重建相位有一定程度的影响。当相移量小于 90°时，重建相位误差较小；当相移量大于 90°时，重建相位误差较大；当相移量等于 90°时，重建相位误差约为 0。

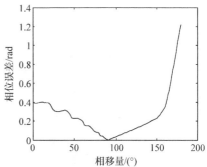

图 3.18　重建相位误差与相移量
(1°～180°)的关系曲线

3. 样本相位深度

和常规数字全息技术一样，两步相移数字全息技术依据重建物光波复振幅计算得到原始物光波的相位分布，也采用如下公式：

$$\varphi' = \arctan\left[\frac{\mathrm{Im}(O')}{\mathrm{Re}(O')}\right] \tag{3.31}$$

式中，O' 为重建的原始物光波复振幅；φ' 为原始物光波的重建相位分布。

式(3.31)表明重建相位是通过对物光波复振幅求反正切函数获得的，而反正切函数值域为$(-\pi, \pi)$，即数字全息图数值重建获得的是包裹相位，而相位深度在一定范围内才能获得正确的解包裹相位，因此样本相位深度是影响相位重建质量的又一个重要因素。

现模拟分析样本相位深度对重建相位的影响，模拟参数同 3.4.1 节所述，依然

选择相位型半球面为模拟样本，只是改变物光波中的最大相位深度，分别为 π rad、6π rad 和 12π rad。所涉及的解包裹算法为 MATLAB 自带的 unwrap 解包裹函数。图 3.19 为最大相位深度为 π rad 时的模拟结果；图 3.20 为最大相位深度为 6π rad 时的模拟结果；图 3.21 为最大相位深度为 12π rad 时的模拟结果。

(a) 重建包裹相位图   (b) 解包裹相位图

图 3.19 相位型半球面最大相位深度为 π rad 时的重建相位

(a) 重建包裹相位图   (b) 解包裹相位图

图 3.20 相位型半球面最大相位深度为 6π rad 时的重建相位

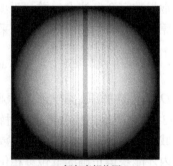

(a) 重建包裹相位图   (b) 解包裹相位图

图 3.21 相位型半球面最大相位深度为 12π rad 时的重建相位

综合图 3.19～图 3.21 的相位重建结果,可知:①当样本最大相位深度小于 π rad 时,不需要解包裹计算,即包裹相位与解包裹相位相同;②当样本最大相位深度超过 π rad 时,重建的相位将发生跳变现象,需要解包裹计算获得实际的相位分布;③当样本最大相位深度过大时,重建的相位发生跳变,且解包裹计算也不能获得实际的相位分布。

3.5　两步正交相移同轴全息重建实验

3.5.1　两步正交相移同轴全息重建实验系统设计与搭建

1. 实验系统设计

根据两步相移同轴全息技术原理,构建马赫-曾德尔同轴相移数字全息记录系统,其光路结构示意图如图 3.22 所示。其中,图 3.22(a) 为透射式样本实验光路结构示意图,激光光源发出的光束经扩束准直系统后形成均匀的平面波,经过分光棱镜分成两束等强度的均匀平面波:第一束平面波经过平面镜的反射,透过玻璃板后到达分光棱镜作为参考光波;第二束平面波经反射镜反射后透过透射型被测物体,到达分光棱镜成为物光波;参考光波和物光波在此干涉形成同轴全息图,被 CCD 采集并传输至计算机。图 3.22(b) 为反射式样本实验光路结构示意图,其实现方式与透射式样本实验相似,只需将被测样本放置在物光波光路系统中反射镜的位置。

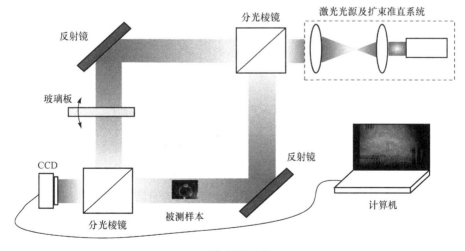

(a) 透射式光路结构

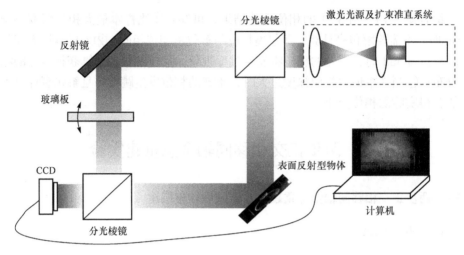

(b) 反射式光路结构

图 3.22　马赫-曾德尔两步正交相移同轴全息记录系统光路结构示意图

2. 实验系统的搭建

搭建的马赫-曾德尔两步正交相移同轴全息记录系统如图 3.23 所示。激光光源选用红光氦氖激光器(索雷博 HNL008R)，激光器光源波长为 632.8nm；图像采集器件选用德国 Image Source 公司的 CCD(DFK 41BUO2)，尺寸为 1280 像素×960 像素，像素尺寸为 4.65μm。

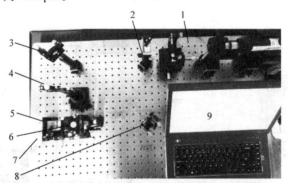

1-激光器及扩束准直系统；2,5-分光棱镜；3,8-反射镜；
4-光学玻璃板；6-被测样本；7-CCD；9-计算机

图 3.23　马赫-曾德尔两步正交相移同轴全息记录系统

3.5.2　相移实现及其标定

前面提到，倾斜玻璃相移法特别适用于一些需要精简系统的相移同轴全息，本节实验采用倾斜玻璃板法来实现相移操作。相移的实现及其标定步骤如下：

(1) 搭建如图 3.24 所示的正交相移数字全息图记录光路系统，在全息图正式采集之前，用透镜代替被测物体放置于光路之中。透镜的作用是在物光路中形成球面波，使得球面物光波与平面参考光波在 CCD 记录面上干涉形成球面干涉条纹，0°相移干涉条纹及其中心截面如图 3.25(a)所示。

(2) 连续转动高精度旋转平台，使得干涉条纹的中心最亮，如图 3.25(b)和(c)

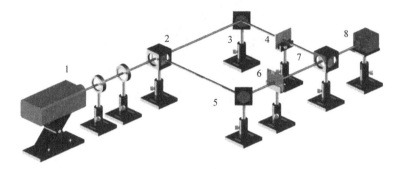

1-激光光源及扩束准直系统；2,7-分光棱镜；3,5-平面反射镜；4-玻璃板；6-待测样本；8-CCD

图 3.24　正交相移数字全息图记录光路系统示意图

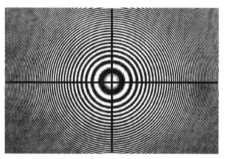

(a) 球面干涉条纹图

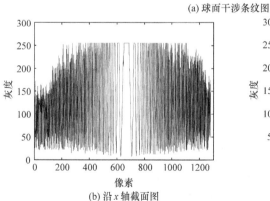

(b) 沿 x 轴截面图

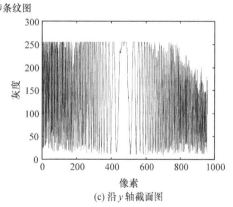

(c) 沿 y 轴截面图

图 3.25　0°相移干涉条纹及其中心截面

所示，记录此时旋转平台的刻度。

(3) 继续连续转动旋转平台，使得干涉条纹的中心最暗，如图 3.26 所示，记录此时旋转平台的刻度。

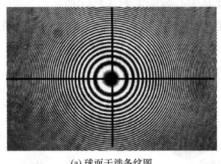

(a) 球面干涉条纹图

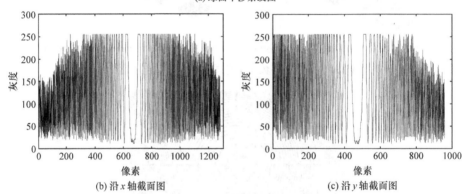

(b) 沿 x 轴截面图   (c) 沿 y 轴截面图

图 3.26   90°相移干涉条纹及其中心截面

(4) 记录干涉条纹中心从最亮到最暗过程的刻度差，刻度差的一半即对应着参考光波 $\pi/2$ 的相移。

(5) 撤下透镜，将被测物体放入光路中，根据上述刻度差，在全息图记录过程中实现参考光波 $\pi/2$ 的相移，并采集相应的相移全息图。

3.5.3 标准分辨率板 USAF 强度重建

选择被测样本为标准分辨率板 USAF，进行两步正交相移数字全息图的记录与重建，如图 3.27 所示。其外形整体尺寸为 50mm×50mm，共 0~7 组，最小为 228 线对/mm，最小线宽为 2.19μm，透明玻璃基材。实验中选择中间区域(虚线圈出部分)作为全息图记录的有效区域，该区域最大线宽为 62.5μm。

图 3.27　标准分辨率板 USAF

1. 相移全息图记录

将标准分辨率板 USAF 放置于如图 3.23 所示的光路中,并固定在可沿光轴方向高精度移动的移动台上,以测量全息图的记录距离,再微调光路使得物光波和参考光波同轴干涉。采集两幅相移全息图并计算得到复数全息图,如图 3.28 所示。其中,图 3.28(a)为其 0°相移全息图,图 3.28(b) 为 90°相移全息图,图 3.28(c) 为计算得到的复数全息图的振幅分布。

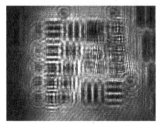 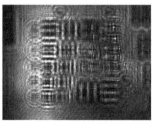 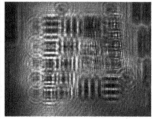

(a) 0°相移全息图　　　　　　(b) 90°相移全息图　　　　　　(c) 复数全息图振幅分布

图 3.28　标准分辨率板 USAF 两步相移全息图及其复数全息图振幅分布

2. 强度重建

利用卷积积分算法对上述复数全息图进行数值重建,并消除零级像,重建距离为 83mm,重建结果如图 3.29 所示,可见重建效果较好。但由于式(3.23)中的常数 A 只是一个近似值,零级像没有完全消除,同时激光光源准直误差引入的球面相位也对此有影响。

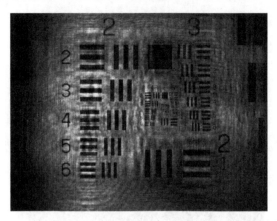

图 3.29 基于复数全息图的标准分辨率板 USAF 强度重建结果

3.5.4 MEMS 微结构样本强度重建

选择被测样本为两个 MEMS 微结构样本,进行两步正交相移数字全息图的记录与重建,如图 3.30 所示。其中,图 3.30(a) 为透射玻璃基板上刻金属微结构样本,图 3.30(b) 是 0.9cm×0.9cm 反射硅基板上刻 "P" 微结构样本,图中虚线框内即全息图采集及重建区域。对于反射式样本,全息图记录过程中只需将其取代图 3.23 所示系统中的反射镜即可。

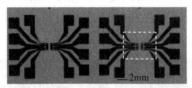

(a) 透射玻璃基板上刻金属微结构样本   (b) 反射硅基板上刻 "P" 微结构样本

图 3.30 MEMS 微结构样本

图 3.31 为透射玻璃基板上刻金属微结构样本两步相移全息图及复数全息图重建结果。其中,图 3.31(a) 为 0°相移全息图,图 3.31(b)为 90°相移全息图,图 3.31(c)为 0°、90°相移全息图及复数全息图的重建强度图。

(a) 0°相移全息图   (b) 90°相移全息图

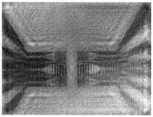

(c) 相移全息图重建强度(从左至右依次为0°、90°相移全息图、复数全息图的重建强度)

图 3.31　透射玻璃基板上刻金属微结构样本两步相移全息图及其重建结果

图 3.32 为反射硅基板上刻"P"微结构样本两步相移全息图及复数全息图重建结果。其中,图 3.32(a) 为 0°相移全息图,图 3.32(b) 为 90°相移全息图,图 3.32(c) 为 0°、90°相移全息图及复数全息图的重建强度图。

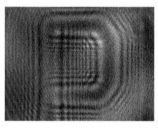

(a) 0°相移全息图　　　　　　　　　(b) 90°相移全息图

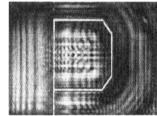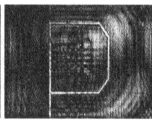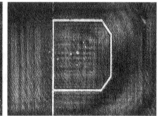

(c) 相移全息图重建强度(从左至右依次为0°、90°相移全息图、复数全息图的重建强度)

图 3.32　反射硅基板上刻"P"微结构样本两步相移全息图及其重建结果

重建结果表明,无论透射式或反射式 MEMS 微结构样本,其复数全息图重建效果均好于原始 0°相移或 90°相移全息图的重建结果。

3.5.5　自制微刻玻璃样本相位重建

选择被测样本为自制微刻玻璃样本,样本上刻蚀有很多字母与图案,如图 3.33 所示。

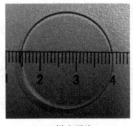

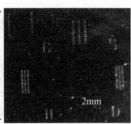

(a) 样本照片　　　　　　(b) 全息图记录区域　　　　　(c) 放大图

图 3.33　自制微刻玻璃样本

　　图 3.34 为记录的相移全息图及复数全息图的振幅分布。其中，图 3.34(a) 为 0°相移全息图，图 3.34(b) 为 90°相移全息图，图 3.34(c) 为复数全息图的振幅分布。为方便重建结果分析，现仅针对图 3.34(c) 的白色虚线内区域，即微刻字母 "C" 进行数值重建。

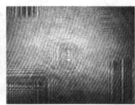
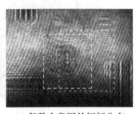

(a) 0°相移全息图　　　　(b) 90°相移全息图　　　(c) 复数全息图的振幅分布

图 3.34　自制微刻玻璃样本两步相移全息图及复数全息图的振幅分布

　　利用卷积积分算法对上述复数全息图进行数值重建，重建距离为 75.6mm，重建结果如图 3.35 所示。图 3.35(a) 和 (b) 分别为含零级像的重建强度图和重建相位图，图 3.35(c) 为消除零级像后的重建相位图。可见对于较为简单的相位分布，本章所采用的零级像消除方法是非常有效的。

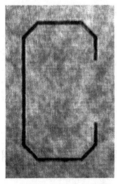

(a) 重建强度图(含零级像)　(b) 重建相位图(含零级像)　(c) 重建相位图(不含零级像)

图 3.35　基于复数全息图的自制微刻玻璃样本部分区域数值重建结果

参 考 文 献

[1] Kemper B, Von B G. Digital holographic microscopy for live cell applications and technical inspection[J]. Applied Optics, 2008, 47(4): A52-A 61.

[2] 周文静, 彭娇, 于瀛洁. 基于数字全息技术的变形测量[J]. 光学精密工程, 2005, 13(s1): 46-51.

[3] Vannoni M, Sordini A, Molesini G. He-Ne laser wavelength-shifting interferometry[J]. Optics Communications, 2010, 283(24): 5169-5172.

[4] Jang R, Kang C S, Kim J A, et al. High-speed measurement of three-dimensional surface profiles up to 10μm using two-wavelength phase-shifting interferometry utilizing an injection locking technique[J]. Applied Optics, 2011, 50(11): 1541-1547.

[5] Chen L C, Yeh S L, Tapilouw A M, et al. 3-D surface profilometry using simultaneous phase-shifting interferometry[J]. Optics Communications, 2010, 283(18): 3376-3382.

[6] Totoarellano N I, Rodriguezzurita G, Menesesfabian C, et al. Phase shifts in the Fourier spectra of phase gratings and phase grids: An application for one-shot phase-shifting interferometry[J]. Optics Express, 2008, 16(23): 19330-19341.

[7] Pu S L, Allano D, Patte-Rouland B, et al. Particle field characterization by digital in-line holography: 3D location and sizing[J]. Experiments in Fluids, 2005, 39(1): 1-9.

[8] Millerd J E, Brock N J, Hayes J B, et al. Pixelated phase-mask dynamic interferometer[C]. Proceedings of SPIE, Bellingham, 2004: 304-314.

[9] Shaked N T, Rinehart M T, Wax A A. Dual-interference-channel quantitative-phase microscopy of live cell dynamics[J]. Optics Letters, 2009, 34(6): 767-769.

[10] Shaked N T, Newpher T M, Ehlers M D, et al. Parallel on-axis holographic phase microscopy of biological cells and unicellular microorganism dynamics[J]. Applied Optics, 2010, 49(15): 2872-2878.

[11] Debnath S K, Park Y. Real-time quantitative phase imaging with a spatial phase-shifting algorithm[J]. Optics Letters, 2011, 36(23): 4677-4679.

[12] Meng X F, Cai L Z, Xu X F, et al. Two-step phase-shifting interferometry and its application in image encryption[J]. Optics Letters, 2006, 31(10): 1414-1416.

[13] 邱培镇, 王辉, 金洪震, 等. 数字全息信息记录最大化及简化相移技术[J]. 光电工程, 2009, 36(3): 146-150.

[14] Liu J P, Poon T C. Two-step-only quadrature phase-shifting digital holography[J]. Optics Letters, 2009, 34(3): 250-252.

[15] Zhang S Q, Zhou J Y. A new estimation method for two-step-only quadrature phase-shifting digital holography[J]. Optics Communications, 2015, 335: 183-188.

[16] 陈宝鑫, 田勇志, 赵楠楠, 等. 两步相移数字全息算法的优化及实验验证[J]. 激光与光电子学进展, 2015, (8): 138-142.

[17] 巩琼, 秦怡. 二步相移数字全息中实际相移角的获取[J]. 中国激光, 2010, (7): 1807-1811.

[18] 秦怡, 巩琼, 杨兴强. 一种在二步相移数字全息中实现准确相移的方法[J]. 光子学报, 2011, 40(8): 1282-1286.

[19] Xu X F, Cai L Z, Meng X F, et al. Fast blind extraction of arbitrary unknown phase shifts by an

iterative tangent approach in generalized phase-shifting interferometry[J]. Optics Letters, 2006, 31(13): 1966-1968.

[20] Xu X F, Cai L Z, Wang Y R, et al. Simple direct extraction of unknown phase shift and wavefront reconstruction in generalized phase-shifting interferometry: Algorithm and experiments[J]. Optics Letters, 2008, 33(8): 776-778.

[21] Xu X F, Cai L Z, Wang Y R, et al. Direct phase shift extraction and wavefront reconstruction in two-step generalized phase-shifting interferometry[J]. Journal of Optics, 2010, 12(1): 74-77.

[22] 徐先锋, 韩立立, 袁红光. 两步相移数字全息物光重建误差分析与校正[J]. 物理学报, 2011, 60(8): 265-272.

[23] Xu X F, Cai L Z, Gao F, et al. Detection and correction of wavefront errors caused by slight reference tilt in two-step phase-shifting digital holography[J]. Applied Optics, 2015, 54(32): 9591-9596.

[24] Wakin M. Standard test images[J/OL]. Ann Arbor: University of Michigan. https://www.ece.rice.edu/~wakin/images/. [2017-10-12].

第4章 断层扫描数字全息层析技术

随着科技的发展，人们对物质的分析已经从物体表面深入到物体内部，从物体的二维信息发展到物体的三维信息[1]，如何获得物体的三维信息和内部结构信息成了当前研究的热点。层析技术便是一种有效获取断层信息、实现三维物体内部结构信息测量的技术手段。计算机断层成像技术[2]、光学投影层析技术[3]、光学相干层析技术[4]、全息层析技术[5]是层析技术中的典型代表，在医疗器件、工业检测和生命科学等领域获得广泛应用。本章将数字全息技术[6,7]与断层扫描成像技术相结合开展多方式的实验分析，基本思路是针对对称性或简单的形貌结构进行少量视角全息图的记录，基于全息图重建算法获得各视角的物光波相位信息，依据断层扫描成像中的三维重建算法[8,9]实现被测物体内部结构信息的数值重建[10]。

4.1 常见的断层扫描成像技术

4.1.1 计算机断层扫描成像技术

最早出现的层析技术是计算机断层扫描成像技术(简称 CT 技术)，它是计算机技术与 X 射线成像技术相结合的产物[11-14]。CT 技术产生于 20 世纪 70 年代[15]，但其思想要追溯到 1917 年奥地利数学家 Radon 的贡献[16]，他论证了如何根据某些线性的积分来确定被积函数，从数学理论上证明二维或三维物体可以通过其无限多个投影的集合来唯一地确定重建图像，这成功解决了重建图像的数学问题，为 CT 技术的形成和发展奠定了理论基础。1971 年英国物理学家 Hounfield 和神经放射学家 Ambrose 共同获得了第一幅人体头部的 CT 图像(图 4.1)[17]，CT 技术真正进入实用阶段。1973 年美国 Clinic 公司和马萨诸塞州总医院相继安装了颅脑扫描成像的 CT 设备，我国也于 1983 年研制成功了第一台用于颅脑扫描成像的 CT 设备。

由于 CT 技术实现了无接触的无损检测，图像质量高，检测精度好，能清晰、准确地展现所检测部位的内部结构、物质组成及缺陷状况，不仅给医学领域带来革命性的影响，还成功地应用于工业领域。工业计算层析(industrial computerized tomography, ICT)技术从 20 世纪 70 年代起步，在 80 年代得到迅速的发展。目前，ICT 技术在无损检测领域的应用主要有航天领域中运载火箭、导弹及其载体和零件的无损检测，兵器产品的关键零部件和弹药的无损检测，飞机螺旋桨、航空发动机及飞机其他关键零部件的无损检测，机械工业产品如汽车、摩托车、机床及其他机械设备零部件的无损检测，钢铁工业中钢材的几何尺寸及其内部的气孔、裂缝、分层等缺陷的无损检测，电力系统中探知系统及组成设备安全运行状况的在线检测，石油工业中的岩芯、钻头、钻杆及钻井设备其他关键零部件的无损检测，材料工业中的复合材料及复合结构的无损检测等[18]。

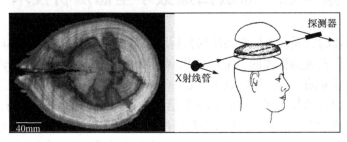

图 4.1　人类首张头部 CT 图[17]

4.1.2　光学投影层析技术

光学投影层析(optical projection tomography, OPT)技术是由 Sharpe 等[3]于 2002 年首次提出来的，它是一种新型的三维成像技术。OPT 技术以 CT 原理为基础，用能够透射生物组织并对其无害的长波长光源(如近红外光、可见光等)来代替 CT 系统中的 X 射线光源，利用光学成像中“景深”的概念[19]实现了光学 CT。由于它采用发散光源，用面阵 CCD 采集，并没有传统 CT 的扫描系统，所以结构简单、成本低、成像速度快。目前，OPT 技术已被英国医学研究理事会(Medical Research Council, MRC)人类遗传学小组用于小鼠胚胎及基因表达的三维成像[3]。图 4.2 为 OPT 显微系统示意图。

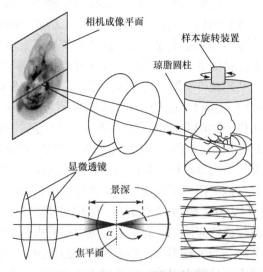

图 4.2　OPT 显微系统示意图[3]

OPT 技术也存在一些缺陷，例如，CT 系统中 X 射线在介质内的扫描具有直线传播的特点，但 OPT 系统中光在生物体内传播具有较大的散射特性，必须考虑从透射光中消除散射光的影响，这限制了它的进一步应用。

4.1.3　光学相干层析技术

光学相干层析(optical coherence tomography, OCT)技术最早起源于光学相干域反射测量(optical coherence domain reflectometry, OCDR)技术的研究工作。OCT 系统是光学共焦扫描显微镜与低相干干涉仪的结合[20]，如图 4.3 所示。

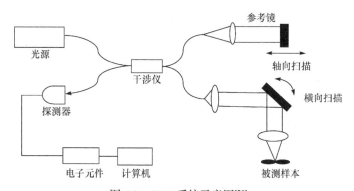

图 4.3　OCT 系统示意图[20]

OCT 系统的主要构成是一个干涉仪。低相干光源(相干长度较短)发出的低相干光被 2×2 的光纤耦合器耦合并分束，分别进入放有反射镜的参考端和放有被测样品的信号端。干涉仪的样品臂组成一个扫描共焦显微镜。参考臂中的反射镜可以沿轴向移动，当参考臂到样品臂的距离小于光源的相干长度时，样品的背向散射光(信号光波)就与参考臂上返回的光(参考光波)经光纤耦合器汇合产生干涉信号，由探测器记录。探测之后的信号经放大、解调、滤波后成为记录样品信息的相干信号。相干信号经数字化后存入计算机，再以灰度图像或假彩色图像的形式显示出来。信号的强度反映样品的吸收和散射强度。由于来自样品不同深度的散射光信号具有不同的相位延迟，对应参考臂某一位置，只有来自样品某一特定深度的散射光信号才能与参考光波发生干涉，而与参考臂的光程差大于相干长度的信号光波不能与参考光波发生干涉，于是就没有信号。因此只有在探测光束的焦点处返回的光束才有最强的干涉信号，这样就滤掉了焦点外的杂散光。由此可见，OCT 系统具备高分辨率、高信噪比的成像能力的原因是探测灵敏和焦点外的散射光不被探测[21]。

OCT 技术的主要优点在于采用对人体无害的低相干光作为光源，不接触，无损伤；其系统可以采用光纤化技术做成小型化和便携式的设备；不需要复杂的数学计算和图像重建，可实现快速成像和实时监测。目前，OCT 技术已被广泛地用于生物组织的检测中，如 Cuche 等采用 OCT 技术实现了一只猪眼的层析重建[22]。但是，OCT 技术的轴向分辨率取决于低相干光源的相干长度，而目前的低相干光源的相干长度较长(230μm 左右)[23]，因此其图像分辨率受到了限制。

4.2　断层扫描数字全息层析技术的基本原理

4.2.1　断层扫描数字全息层析技术的发展

断层扫描数字全息层析技术是数字全息技术[24]与计算机断层扫描成像技术[25,26]的融合，其技术核心是传统的全息原理和层析重建原理，即先通过光的衍射特性和相干特性，记录及重建原始物光波的强度信息和相位信息，然后以全息重建得到的物光波信息作为层析重建的原始数据，采用层析重建方法获得物体内部断层的折射率信息和三维结构信息[27]。相比于传统的层析技术，断层扫描数字全息层析技术具有实验装置简单的优点，不需要严格的机械调整和耗时的扫描过程。

目前，断层扫描数字全息层析技术还处于发展初期，许多问题有待于进一步研究，如实验记录系统的简洁性及灵活性、少量投影层析重建算法的优化与改进、系统的快速稳定和实时监测等。数字全息层析重建系统的仪器化、实用化和普及化等，也是一个重要的研究内容。

传统全息技术(即记录介质为物理介质)与计算机断层扫描成像技术结合最早应用于对复杂温度场的测量中。Satos[25]首次将全息干涉技术与 CT 技术相结合，采用 16～24 路光照明，在 0～180°内采集均匀分布的全息图，进行全息层析的实验。Snyder[26]设计由 36 路光路、72 面抛物面反射镜组成的全息层析实验系统。但是这两种方法的记录系统极其复杂，记录光路较多，因此各光路之间可能会产生串扰，重建图像的质量受到影响。后续研究者着手改善重建算法以提高重建图像的质量，如 Lira 等[27]提出全息层析算法的优化方法。

国内，华中科技大学是度芳等[28]首次开展用于温度场测量的全息层析研究工作，提出正交双物光波全息有限角层析技术，用来测量长方形喷口燃烧器的温度场，在参考光波中，各插入一块相位光栅和一块毛玻璃，在光栅衍射夹角为 9°、衍射级在−5～+5 内得到 11 束衍射光束。因此，通过两个正交光路就能得到 90°内任意方向的全息干涉图。该方法有效减少了光路，且不需要对被测物进行旋转和运动扫描，因此能进行物理量的瞬态测量。当进行重建时，将不同方向的参考光波照射全息干板，利用 CCD 采集温度场在各个方向上不同的全息重建图，最终可实现温度场重建。

浙江大学 Lu 等[29]利用全息层析技术和共焦扫描技术测定透明物体的三维折射率空间分布；中科院上海光学精密机械研究所与合肥国家同步光源实验室联合提出了基于软 X 射线的预放大同轴全息层析技术，利用四幅同轴全息图实现生物样本(大蒜细胞壁)的三维结构重建[30]；昆明理工大学李俊昌等发表了利用全息层析技术测量气体温度场的实验结果[31]。

以上有关全息层析技术的应用研究或算法研究均是在传统全息技术的基础上开展的，即全息图记录在全息干板上，将全息干板上的全息图进行数字化，实现基于 CT 重建算法的三维结构重建。

Kujawinska 等首次提出数字全息层析(digital holographic tomography, DHT)技术的概念，并基于马赫-曾德尔数字离轴全息干涉系统完成数字层析全息图的记录[32-34]。首先，准直光源经光路折返，从三个角度照射记录样本，把衍射信息累积记录到同一幅全息图上；然后利用不同重建距离对全息图进行数值重建，实现三次投影数据的获取；最后采用代数迭代算法，实现对被测物体的内部折射率分布检测。其模拟的原始图像为单一折射率光纤，光纤的折射率为 1.48，直径为0.05mm，背景折射率为 1.47，如图 4.4(a) 所示。图 4.4(b) 为单一折射率光纤的数字全息层析重建结果。可以看出，重建的图像中存在着较大的噪声，这是因为全息重建过程中产生的误差较大。

(a) 单一折射率光纤截面原图　　　　　(b) 单一折射率光纤重建图像

图 4.4　单一折射率光纤数字全息层析模拟重建[34]

Cuche 等在前期研制的数字全息显微镜系统基础上开展了数字全息层析技术实验研究[22]。实验中先将生物样本固定在一个透明容器内并旋转，每隔 2°记录一幅全息图，共计 90 幅全息图，然后分别对 90 幅全息图进行数值重建，最后利用滤波反投影(filtered back-projection, FBP)算法重建被测生物样本的三维折射率空间分布，如图 4.5 所示。图中，Δn 表示折射率的变化。生物样本为一粒花粉颗粒(内含有三维结构核)，半透明，直径为 30μm，系统空间分辨率为 1μm。

通过对上面几种现有数字全息层析技术的介绍可以看出，各种技术都存在着局限性。首先，传统全息层析方法采用的是全息干板记录方式，虽然全息干板的分辨率较高，但只能用于定性的分析，难以实现定量的计算；其次，记录系统的光路结构复杂，受干扰的因素多。是度芳等[28]改进了全息层析的记录方式，简化了光路系统，但还是先采用全息干板记录，再进行数字化处理，这样又增加了一个全息重建光路系统。而 Kujawinska 等提出的数字全息层析技术实现了全息层析的数字化，并通过一束光三次穿透物体实现三个方向上的记录，但由于在数字全息重建过程中各个不同距离上的重建像难以分离，会产生干扰而引入较大的误差[32]。Cuche 等仍采用扫描式的记录方式，记录系统较复杂，处理的数据量较大[22]。

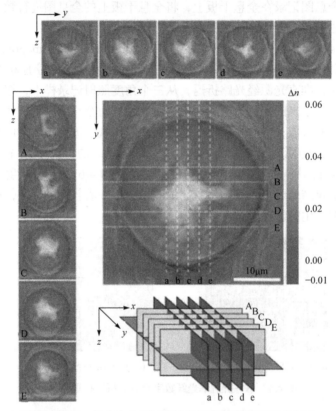

图 4.5　基于数字全息层析技术实现花粉颗粒层析重建[35]

4.2.2　断层扫描三维重建的基本原理

　　断层扫描三维重建的基本原理是利用投影数据进行重建，即通过不同方向上的投影图来重建出物体的原始图像。图 4.6 为断层扫描三维重建成像系统示意图[15]。

　　当一束具有一定能量的射线穿过物体时，由于射线与物体之间会发生光电效应、康普顿效应等作用，射线强度因受到射线路径上物质的吸收或散射而发生衰减，如图 4.7 所示[35]。

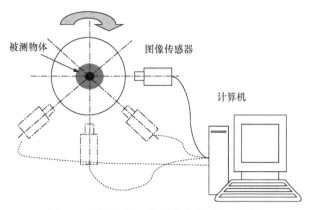

图 4.6 断层扫描三维重建成像系统示意图

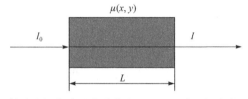

图 4.7 射线穿越衰减系数分布为 $\mu(x, y)$、路径长度为 L 的物体

衰减规律遵循比尔定律[36],若入射强度为 I_0 的射线穿过衰减系数分布为 $\mu(x, y)$、路径长度为 L 的物质,并以强度 I 穿出,则由比尔定律确定的 I_0、I 和 $\mu(x, y)$ 的关系为

$$I = I_0 \exp\left[-\int_L \mu(x, y)\mathrm{d}x\mathrm{d}y\right] \tag{4.1}$$

$$\int_L \mu(x, y)\mathrm{d}x\mathrm{d}y = \ln\left(\frac{I_0}{I}\right) \tag{4.2}$$

以极坐标形式表示时,方程为

$$\int_L \mu(x, y)\mathrm{d}x\mathrm{d}y = \ln\left(\frac{I_0}{I}\right) = p(\rho, \theta) \tag{4.3}$$

式中,$p(\rho, \theta)$ 为射线穿过物体后的投影值,θ 为射线相对起始点的投影角,ρ 为射线穿过被测物体的路径。

通过改变投影角 θ 和路径 ρ,就能获得不同方向上的投影值 $p(s, \theta)$,再以投影值反求衰减系数 $\mu(x, y)$,也就是由投影图像来重建出原图像。

采用数字全息技术对纯相位物体进行记录,光波穿过不同折射率的物质时其光程会发生改变,即

$$\varphi = \varphi_0 + \int_L d(x, y)\mathrm{d}l \tag{4.4}$$

式中，$d(x,y)$ 为物体的折射率；φ_0 为光的初始相位；φ 为光穿透物体后的相位。

因此只要能数值重建全息图获得相位物体的相位差，就能利用层析重建算法计算获得与物体内折射率有关的结构分布图。

4.2.3 层析重建算法

层析重建的数学理论基础是 1917 年丹麦科学家 Radon 提出的 Radon 变换[16]。Radon 从数学上证明某种物理量的二维或三维分布函数，由该函数在其定义域内的所有线积分就能得到完全确定，即二维、三维物体能够用它的无限多个投影来确定。该理论的意义在于，只要知道未知二维分布函数的所有线积分，就能求得该二维分布函数[36]。

目前，发展较成熟的层析重建算法包括变换法(或称为卷积法)和迭代法(或称为级数展开法)。

1. 变换法[37]

变换法是基于 Radon 变换发展而来的，是目前最为实用的层析重建算法，其基本思路[38,39]如下：

(1) 通过光学采集系统采集被测物体在不同视角下的投影图。

(2) 对每幅投影图进行一维傅里叶变换，得到各个方向上的切片，再根据中心切片定理[40]将各个方向上的切片汇聚在一起，得到的就是过原点的二维傅里叶变换图。

(3) 对二维傅里叶变换图进行傅里叶逆变换，得到重建图像。

在极坐标系下，设待重建图像为 $f(x,y)$，其二维傅里叶逆变换为

$$
\begin{aligned}
f(x,y) &= \int_0^{2\pi}\int_0^\infty F(\rho,\theta)\mathrm{e}^{\mathrm{i}2\pi(x\cos\theta+y\sin\theta)}\rho\mathrm{d}\rho\mathrm{d}\theta \\
&= \int_0^\pi\int_0^\infty F(\rho,\theta)\mathrm{e}^{\mathrm{i}2\pi(x\cos\theta+y\sin\theta)}|\rho|\rho\mathrm{d}\rho\mathrm{d}\theta
\end{aligned}
\tag{4.5}
$$

设各个方向的投影为 $p_\theta(\rho)$，对其进行一维傅里叶变换得到 $P_\theta(\rho)$，根据中心切片定理，式(4.5)可转化为

$$
f(x,y) = \int_0^{2\pi}\int_0^\infty\left[\int_{-\infty}^\infty P_\theta(\rho)\mathrm{e}^{\mathrm{i}2\pi\rho t}\rho\mathrm{d}\rho\right]\mathrm{e}^{\mathrm{i}2\pi(x\cos\theta+y\sin\theta-t)}\mathrm{d}\theta
\tag{4.6}
$$

式中，t 为时间变量。由此，就能得到待重建的图像 $f(x,y)$。

变换法的主要特点是数学原理简单，重建效率高，对完全投影数据的重建质量好，已被大多数 CT 设备所采用。但由于变换法存在的内在特征性，要重建物体的某一截面必须对物体进行 180°全方位扫描以采集完整的数据；如果数据不完整，如投影角度有限或投影稀疏等，重建的效果将急剧恶化。在实际应用过程中，受检测环境、检测时间和检测成本的限制，往往不可能获得完整的投影数据。

2. 迭代法[41]

迭代法源于 1937 年由 Kaczmarz 提出的用于求解一个稀疏矩阵的大型线性方程组。该方法的基本思路[41-43]如下：

(1) 假设待重建的截面为一个未知的矩阵，并对其赋予初值。

(2) 根据投影射线的方向，建立一组未知矩阵的代数方程。

(3) 将代数方程计算的投影值与实际对应的投影值进行比较，并对未知的矩阵进行修正。

(4) 重复步骤(3)，进行迭代，直至收敛至某一固定值，得到的就是需重建的图像值。

迭代法的典型算法是代数迭代算法[41]。首先将欲重建图像进行离散化，然后选定一组基函数(或称为初始值)，用这些基函数的线性组合来逼近希望重建的任意函数 $f(x,y)$ 值。代数迭代算法的重建模型如图 4.8 所示。为了重建出图像，先将原始图像离散化为 n 像素×n 像素的一维数组 $\{f_1, f_2, \cdots, f_N\}$，$N$ 为数组中的元素个数，$N=n \times n$。

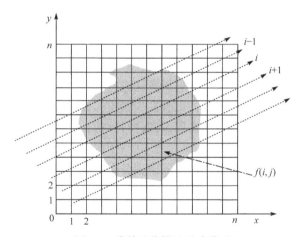

图 4.8　代数迭代算法重建模型

那么，图像的投影过程可表示为

$$\sum_{j=1}^{N} w_{ij} f_j = p_i, \quad i = 1, 2, \cdots, M \tag{4.7}$$

式中，p_i 为第 i 条射线的投影值；w_{ij} 为加权因子，即第 $j(j=1,2,\cdots,J)$ 个像素对第 i 条射线线积分的贡献；M 为投影总数；f_j 为第 j 个方格所需的像素值。

代数迭代算法采用线性代数中的逐次超松弛迭代法来求解重建问题，即第 j 个方格的像素值为

$$f_j^{(k+1)} = f_j^{(k)} + \xi \frac{p_i - \sum\limits_{j=1}^{N} w_{ij} f_j^{(k)}}{\sum\limits_{j=1}^{J} w_{ij}^2} w_{ij} \tag{4.8}$$

式中，k 为迭代的次数；ξ 为松弛因子，一般取 $0\sim2$。

因此，可以通过测量得到的各个方向上的投影值 p_i 和给定的初始值 f_j^0，迭代逼近至所需重建的函数 $f(x,y)$。

由于代数迭代算法一开始就已经将图像的三维层析重建转换为用迭代逼近的方法来求解方程组，而对于方程组求解来说，每个未知量理论上只要有三个方程，就能迭代逼近至它的收敛极限。本章主要针对少量投影的数字全息层析记录系统，因此选取代数迭代算法来实现层析重建。

4.2.4　少量投影数字全息层析重建技术

在传统的全息层析技术中，由于投影方向多、光路复杂[25,26]，实验系统受外界的影响非常大，且不具有动态特性。少量投影数字全息层析技术主要是通过减少投影方向来简化记录系统，提高数字全息层析技术的实用性。本章中的"少量"主要指 4 向或 3 向。

由于传统全息层析技术很少涉及少量投影数据的重建，特别是少于 10 个方向的投影，本节对少量投影数字全息层析算法进行分析，采用代数迭代算法对 3 向投影数字全息层析进行模拟重建，以验证少量投影数字全息层析重建的可行性。模拟过程中，对影响重建质量的主要因素进行分析，如数字全息重建的误差、层析重建算法的误差等。

少量投影数字全息层析重建算法的模拟分析流程如图 4.9 所示。模拟分析的具体思路如下：

(1) 选择裸光纤为被测物体(其径向折射率呈梯度分布)，直径为 50μm，对其进行离散化采样，采样间隔为 1μm，有效区域是 71 像素×71 像素。

(2) 对光纤原始信息进行计算全息记录，获得数字全息图。由于光纤的几何结构是轴对称图像，只需要记录一个投影方向上的全息图。

(3) 进行数字全息重建，提取与折射率有关的相位图，以重建的相位图作为层析重建的投影原始数据，并将一个方向的重建相位图扩展为三个互成 60°角的投影图。

(4) 采用代数迭代算法进行层析重建，同时针对少量投影数字全息层析技术展开对重建图像质量影响因素的分析。

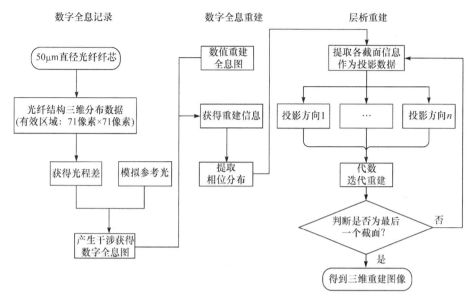

图 4.9 少量投影数字全息层析重建算法模拟分析流程图

裸光纤的三维结构图、截面折射率分布图和截面灰度图分别如图 4.10(a)~(c) 所示。

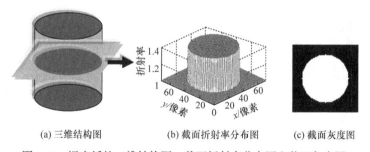

(a) 三维结构图　　　　(b) 截面折射率分布图　　　　(c) 截面灰度图

图 4.10 裸光纤的三维结构图、截面折射率分布图和截面灰度图

光纤纤芯直径为 50μm，采样间隔为 1μm。模拟光波波长为 632nm，记录的距离为 65mm，全息图(CCD 的感光面)尺寸为 1024 像素×1024 像素，像素尺寸为 4.64μm，光纤纤芯的折射率为 1.4，空气折射率为 1。

当一束平行光照射物体时，穿透物体的透射光光程发生改变，如式(4.4)所示，对该式中的光程差进行离散采样，则出射光的相位可以表示为

$$\varphi(x,y) = \frac{2\pi}{\lambda}\Big[\varphi_0 + \sum_L d(l)\Delta l\Big] \tag{4.9}$$

式中，Δl 为采样间隔长度；L 为光路有效距离；$d(l)$ 为折射率分布；φ_0 为初始相位。

那么，裸光纤的物光波表达式为

$$O(x,y) = A_O \exp\left\{ i \frac{2\pi}{\lambda} \left[\varphi_0 + \sum_L d(x,y) \right] \right\} \tag{4.10}$$

参考光波的表达式为

$$r(x,y) = A_r \exp\left[i\varphi_r(x,y) \right] \exp\left[-i2\pi(x_r x + y_r y) \right] \tag{4.11}$$

式中，A_r、$\varphi_r(x,y)$分别为参考光波的振幅和相位到达全息面时的分布；x_r、y_r分别为记录参考光波相对记录平面的倾斜角度，其中 $x_r = 0.01$，$y_r = 0.01$。

　　裸光纤的全息记录结果如图 4.11 所示。其中，图 4.11(a) 为物光波相位分布，图 4.11(b) 为物光波某一截面相位分布，图 4.11(c) 为参考光波相位的二维分布，图 4.11(d) 为记录的数字全息图。

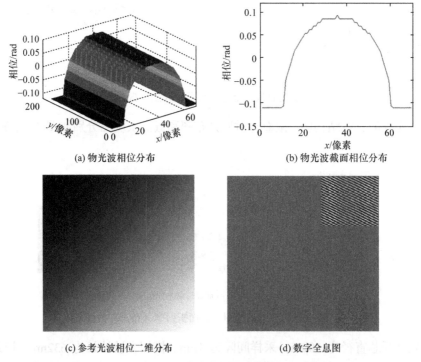

(a) 物光波相位分布　　　　　　　　　　　(b) 物光波截面相位分布

(c) 参考光波相位二维分布　　　　　　　　　(d) 数字全息图

图 4.11　裸光纤模拟原始信息及其数字全息图

　　若采用同一记录参考光波作为重建光对全息图进行菲涅耳近似重建，且重建距离与记录距离相等，则能够重建出正确的物光波，其结果如图 4.12(a)和(b)所示。通过重建相位与原始相位做差值，可以看出重建像的误差。

　　以平均误差和最大误差作为评价重建图像质量的评价函数，其定义为

$$\text{平均误差} = \frac{\dfrac{\left| \text{重建相位值} - \text{初始相位值} \right|}{\text{像素总数}}}{\left| \text{最大相位值} - \text{最小相位值} \right|} \times 100\% \tag{4.12}$$

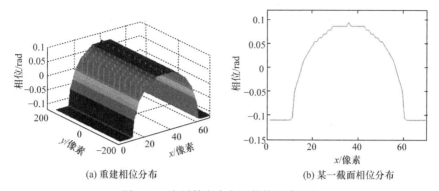

(a) 重建相位分布　　　　　　　　　(b) 某一截面相位分布

图 4.12　光纤数字全息图数值重建相位

$$最大误差 = \frac{\max\left|重建相位值 - 初始相位值\right|}{\left|最大相位值 - 最小相位值\right|} \times 100\% \qquad (4.13)$$

通过计算得到平均误差为 0.021%，最大误差为 0.138%。

因为光纤纤芯具有轴对称性，各个方向上的投影图相同，所以将图 4.12(b) 扩展为与其成 60°角的另外两个方向的投影图，并将最小相位处作为 0 基准面得到三视角投影截面分布，如图 4.13 所示。

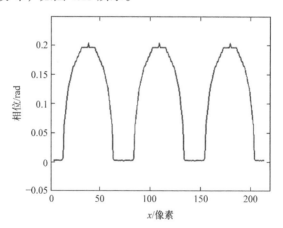

图 4.13　某一截面的三视角投影图

利用代数迭代算法进行层析重建，步骤如下：

(1) 根据全息重建像的大小，确定待重建截面为 71 像素×71 像素的离散化矩阵，并对各个像素赋予初值：$f^{(0)} = \left[f_1^{(0)} \ f_2^{(0)} \ \cdots \ f_N^{(0)} \right] = \left[0 \ 0 \cdots 0 \right]$。

(2) 采用假设的初始值，用非二值化的加权因子计算方法计算每条射线的估算值，结果为 $p_i^* = \sum_{j=1}^{N} w_{i,j} f_j^{(0)}$。

(3) 将每条射线的估算值与实际得到的投影值进行比较，得到了误差，结果为 $e_i = p_i - p_i^* = p_i - \sum_{j=1}^{N} w_{i,j} f_j^{(0)}$。

(4) 以 e_i 所得的误差作为修正项的基础，采用修正项 $C_{ij} = \dfrac{e_i w_{ij}}{\sum_j (w_{ij})^2}$ 对每个值进行修正。

(5) 对 f_j 的值进行修正：$f_j^{(1)} = f_j^{(0)} + \lambda C_{ij}$。这里只对该条射线所经过的像素区域的取值进行修正，其他的 $w_{ij} = 0$，所以其他值保持不变。

(6) 确定像素的取值区间，并判断像素值是否在此区间内。若大于区间的最大值，则令该像素值取最大值；若小于区间的最小值，则令该像素取最小值。

(7) 将修正的 f_j 代入下一个修正方程，重复步骤(2)～步骤(5)，直到每一个像素值 f_j 都得到修正，完成一次迭代过程。

(8) 完成一次迭代后，对重建的图像进行中值滤波。

(9) 每次迭代完成后，对获得的每一个像素序列进行收敛性判定。若符合收敛性判定，则迭代结束，获得重建图像；若不符合收敛性判定，则重复步骤(2)～步骤(9)，直至每一个像素都符合收敛性判定，得到层析重建结果。

本节提出采用非二值化权因子计算的方法，其模型如图 4.14 所示。

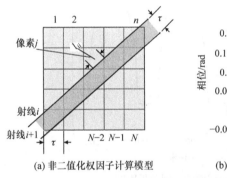
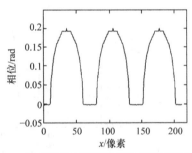

(a) 非二值化权因子计算模型　　　　　　　(b) 采用非二值化权因子计算得到的投影图

图 4.14　非二值化权因子模型

首先假定射线为一条没有宽度的直线，各条射线之间的距离为各像素间的距离 τ，当一条射线穿过第 j 个像素时，计算射线在像素内的长度 l_{ij}，再将该长度与单位像素宽度之比定义为该像素对该射线的贡献[44]，即有

$$\begin{cases} w_{i,j} = \dfrac{l_{ij}}{\tau}, & \text{第 } i \text{ 条射线穿第 } j \text{ 个像素} \\ w_{i,j} = 0, & \text{其他} \end{cases} \tag{4.14}$$

采用非二值化权因子计算方法进行投影时,得到的投影图误差较小,如图 4.14(b) 所示。因此这里采用该方法以圆柱相位物体对投影图进行层析重建,得到结果如图 4.15 所示。其中,图 4.15(a) 为重建的截面图,图 4.15(b) 为截面对应的折射率三维分布,图 4.15(c) 为折射率沿 x 轴中心的截线分布。

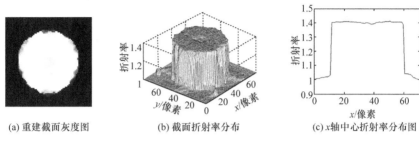

(a) 重建截面灰度图　　　　(b) 截面折射率分布　　　　(c) x 轴中心折射率分布图

图 4.15　数字全息层析重建结果

由于采用中值滤波对重建图像进行处理时在边界处会产生较明显的失真,最大误差较大,这里基于式(4.12)所示的平均误差来评价层析重建图像质量,得到的重建精度如表 4.1 所示。

表 4.1　层析重建过程中的重建精度比较

误差	传统代数迭代算法	数字区	中值滤波	新权重因子
平均误差/%	23.0	12.5	8.35	2.78

4.2.5　层析重建误差影响因素分析

1. 迭代次数对层析重建误差的影响

在代数迭代过程中,迭代次数不仅对重建图像质量有较大的影响,对重建的速度也有较大影响。当迭代次数较少时,重建速度较快,但获得的重建图像误差可能较大;当迭代次数较多时,重建图像质量比较理想,但重建速度较慢。为了获得一个理想的迭代次数,本节仍以 4.2.3 节的模拟条件来对迭代次数与重建图像质量的关系进行分析,并以平均误差作为重建图像质量的评价依据。图 4.16 为迭代次数与重建图像误差的关系,可见迭代 500 次的平均误差相对较小,大于 500 次的迭代效果并不明显,因此后续内容均以 500 次迭代为准。

2. 松弛因子对层析重建误差的影响

式(4.8)在迭代中引入一个松弛因子 ζ,这是因为直接采用修正项 C_{ij} 对像素值 f_j 进行修正,会产生椒盐噪声[45];而 ζ 的选择对重建速度以及重建图像的质量都有影响，若 ζ 取值较小，迭代的修正项较小，则迭代次数要较多；若 ζ 取值较大，迭代的修正项较大，则迭代次数要较少。一般对松弛因子 ζ 的选择是通过实验方法来进行的。本节对不同松弛因子下的重建图像进行分析，以获得适合的松弛因子。

模拟条件与 4.2.3 节的模拟条件相同，以平均误差作为重建图像质量的评价依据。在 0~2 内，分别选取 ζ 为 0.05、0.1、0.25、0.5、0.75、1、1.25、1.5、1.9 这 10 个不同的值来进行层析重建分析，得到重建图像平均误差与松弛因子的关系，如图 4.17 所示。

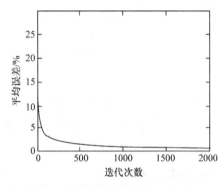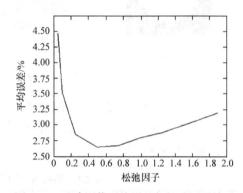

图 4.16　迭代次数与平均误差的关系　　　图 4.17　重建图像平均误差与松弛因子关系

由图 4.17 可见，当松弛因子在 0.5 附近时，重建图像的平均误差最小。一般选择较小的松弛因子，是因为小的松弛因子能起到低通滤波的作用，从而降低重建图像中的高频信息，而高频信息中往往包含了很多噪声[46]。结合实验结果，后续将松弛因子 ζ 取值为 0.5。

3. 投影方向数对层析重建误差的影响

投影数据的多少，对层析重建效果有很大影响[9]。当投影数据充足时，重建效果好，但同时其权因子计算量大，记录系统复杂，重建速度慢；当投影数据较少时，重建速度快，记录系统简单，但边缘及高频信息将因数据缺少而无法完成重建。为分析投影方向数与重建结果的最佳匹配，本节就投影方向数对层析重建质量的影响进行分析[12,16]。为了较明显地看出投影方向数对层析重建结果的影响，这里依然以裸光纤作为原始物体，其原图截面分布如图 4.18(a) 所示，有效区域是 71μm×71μm，光纤直径为 50μm，纤芯直径为 30μm，其中，纤芯的折射率为 1.4，包层的折射率为 1.2。对其进行离散化采样，采样像素间隔为 1μm，得到的采样有效区域是 71 像素×71 像素，分别进行 3 向、4 向和 10 向的层析重建，结果如图 4.18(b)~(d) 所示。

(a) 原始截面图　　(b) 3向重建截面图　　(c) 4向重建截面图　　(d) 10向重建截面图

图 4.18　模拟裸光纤原始截面图及不同投影方向数的重建截面图

从图 4.18 中可以看出，在投影方向只有互成 60°的三个方向时，射线较少，约束方程少，因此重建出的图像存在着较大的伪影；当增加一个水平投影方向，即投影方向为 4 个时，水平方向上的伪影得到了很好的抑制；而当投影方向为 10 个时，重建图像质量相对较好，但由于迭代次序的问题，最先迭代的那个方向的数据仍将存在伪影。

4. 待重建物体结构特征对层析重建误差的影响

下面分析具有不同结构特征的被测物体的层析重建效果。选择一组单一相位结构物体作为原始图像，如图 4.19 所示。例如，正方形和三角形；轴对称图形，如同心圆；非轴对称图形，如非对称半圆、梯度正方形和头像截面。每个原始图像的大小为 41 像素×41 像素。同心圆中，小圆的直径为 16 像素，灰度值为 1；大圆的直径为 32 像素，灰度值为 0.5。非对称半圆中，小半圆的直径为 16 像素，灰度值为 1；大半圆的直径为 32 像素，灰度值为 0.5。梯度正方形中的最小灰度值为 0.4，最大灰度值为 1，相邻两个梯度的灰度值变化为 0.15。

(a) 正方形　　　(b) 三角形　　　(c) 梯度正方形　　　(d) 同心圆　　　(e) 非对称半圆　　　(f) 头像截面

图 4.19　模拟的六种单一相位结构原始图像

图 4.20 为上述六种单一相位结构原始图像的迭代层析重建结果，表 4.2 对应给出了各个重建图像的精度。从中可以看出，在只有三个方向投影的情况下，原始图像为轴对称图形，重建得到的图像质量较好，误差较小；原始图像为非轴对称图像，重建得到的图像在边缘区域和过渡区域有失真和伪影。这是由于三个方向投影时只有三条射线穿过同一像素，如果像素之间的值变化较大，约束方程不够，那么采用逼近原方程的方法生成的解可能不是唯一的，存在着伪影的情况，所以当内部结构比较复杂时，重建出的图像的伪影就比较严重。以上

模拟分析结果表明，少量投影的代数迭代重建方法比较适合轴对称或内部结构较简单的物体。

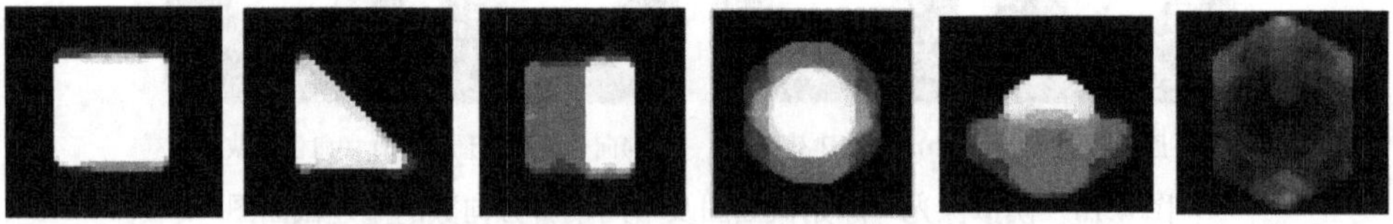

(a) 正方形　　　(b) 三角形　　　(c) 梯度正方形　　　(d) 同心圆　　　(e) 非对称半圆　　　(f) 头像截面

图 4.20　六种单一相位结构原始图像的迭代层析重建结果

表 4.2　六种单一相位结构原始图像的重建精度比较

图像	正方形	三角形	梯度正方形	同心圆	非对称半圆	头像截面
平均误差/%	2.44	2.95	2.27	3.07	3.07	7.21

4.3　断层扫描数字全息层析重建实验

4.3.1　数字单向单幅全息图层析重建

本节以轴对称结构、横截面折射率渐变型的光纤为样本，进行光纤横截面折射率重建和光纤三维结构重建的实验。由于样本尺寸较小，实验中设计了预放大数字显微全息方式，采用硬件矫正的方法来消除显微物镜引起的二次项相位误差[47-49]；以石膏头像作为非轴对称结构实验样本，采用计算全息的方法获得各个方向上的投影全息图，进行三向及四向投影数字全息层析重建实验，获得石膏头像的三维结构分布。

由于光纤具有轴对称结构，各个方向上的投影全息图相同，因此只需采集一个方向上的数字全息图，就能拓展获得各个方向上的数字全息图。光纤的直径较小，本节采用马赫-曾德尔数字显微全息的方式进行记录[50]。

如表 2.1 所示，传统的数字显微全息记录方式有无透镜放大方式[51]、预放大方式[52]和后放大方式[53]，本节采用预放大方式。另外，采用分光棱镜来消除光波在透镜内的二次反射，提高光束的质量，并在 CCD 前增加检偏器，提高数字全息图的记录质量。

1. 实验环境与设备

数字单幅全息图层析记录实验系统如图 4.21 所示，其中图 4.21(a) 为数字单幅全息图层析记录实验系统光学结构示意图，图 4.21(b) 为数字单幅全息图层析

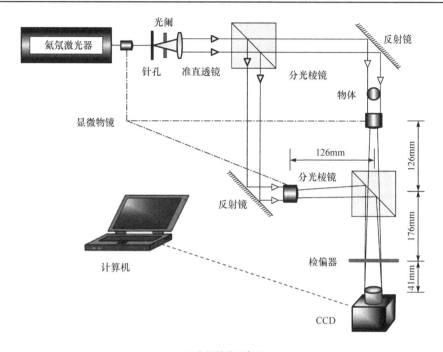

(a) 光学结构示意图

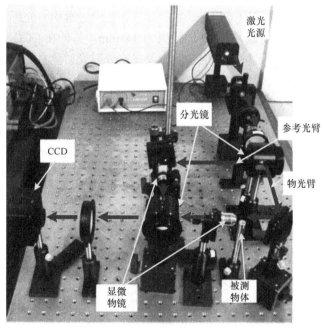

(b) 实验照片

图 4.21　数字单幅全息图层析记录实验系统

记录系统实验照片。主要实验器件包括氦氖激光器(光源波长为 632nm)、图像采集器件为 CCD(1392 像素×1024 像素)、计算机、光学器件及辅助设备等。实验对象为光纤，直径为 125μm (出厂参数值)。

2. 数字全息图记录

激光器发出波长为 632nm 的激光束(光斑尺寸约 0.7mm)，由于激光束的能量分布不均匀，为了获得较好的激光光斑，这里构建了由显微物镜及衍射小孔组成的空间滤波系统，激光束经过 230mm 的距离后到达显微物镜处，在小孔处发生衍射，产生衍射光斑，通过改变光阑的通光孔径，获取需要的 0 级衍射光，因此获得的光斑成理想高斯分布。光束经过准直透镜准直后，获得直径约为 14mm 的平行光束，此时，准直透镜到衍射小孔的距离为 72mm。准直光束经过 58mm 的距离后被分光棱镜分为两束光波，一束为参考光波，另一束为物光波。参考光波经过 193mm 的距离后被平面反射镜反射，通过 10 倍显微物镜的放大得到一束放大光波，再经过分光棱镜后到达 CCD 采集面处，其中显微物镜到分光棱镜中心的距离为 126mm，分光棱镜中心到 CCD 的距离为 217mm。同时，物光波经过 135mm 距离后也到达反射镜处，平面反射镜会改变物光波的方向使其照射到样本光纤，平面反射镜到光纤的距离为 51mm。穿过光纤后的物光波被 10 倍显微物镜放大，再通过分光棱镜到达 CCD 采集面处，在这个过程中，光纤到显微物镜的距离为 15.6mm，显微物镜到 CCD 的距离为 343mm。另外在 CCD 前 41mm 处放置一个检偏器，这是为了减少其他杂散光及二次放射光对全息图的影响，提高数字全息图的质量。最终得到的光纤数字全息图如图 4.22 所示。

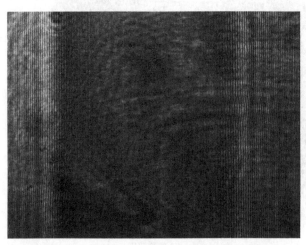

图 4.22　光纤数字全息图(1392 像素×1024 像素)

3. 数字全息层析重建结果

1) 数字全息重建

由于光纤样本较小，采用适用于小尺寸全息图数值重建的卷积积分算法进行全息重建。下面分析预防大数字显微全息记录方式是如何确定重建距离的。由于系统采用显微物镜对光纤进行放大，CCD 记录的是放大的像与参考光波发生干涉而产生的全息图，其原理示意图如图 4.23 所示。

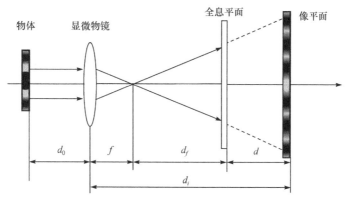

图 4.23　预放大数字显微全息记录方式示意图

因此，全息面记录了原始物光波的放大信息，记录距离为 d_0。根据透镜成像公式 $\dfrac{1}{f} = \dfrac{1}{d_0} + \dfrac{1}{d_i}$，且 $d_i = d_f + f + d$，若已知物体到显微物镜的距离 d_0、显微物镜焦距 f、全息面到显微物镜的距离 $d_f + f$，就能算出全息图的实际记录距离 d。在本实验中，显微物镜的焦距 $f = 15\text{mm}$，物体到显微物镜的距离 $d_0 = 15.6\text{mm}$，显微物镜到 CCD 的距离 $d_f + f = 343\text{mm}$，显微物镜到放大像的距离 $d_i = 390\text{mm}$，则计算得到的记录距离为 $d = d_i - (d_f + f) = 47\text{mm}$。由于在测量各个距离中采用的游标卡尺不够精准，在采用卷积积分算法进行全息图数值重建之前，需要判断最佳重建距离。使用平均梯度法求重建最佳距离，得到精确的重建距离 $d' = 53.62\text{mm}$。

基于精确的重建距离，采用卷积积分算法对全息图进行全息重建，结果如图 4.24 所示。

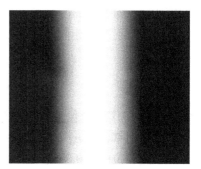

图 4.24　光纤预放大数字显微
全息相位重建结果

2) 层析重建

由于光纤为轴对称结构，即理论上各个方向上的投影都是相同的，这里以

图 4.24 所示相位作为层析重建的原始投影数据，分别进行三向层析重建与四向层析重建，具体步骤如下：

(1) 沿 x 轴方向提取其中一个截面的相位图，分别将其拓展为三向和四向上的投影，每个方向上有 71 条投影射线，每条投影射线的宽度为 2.84μm。由于采用了预放大数字显微全息记录方式，重建的相位是实际相位的放大值，所以需要计算系统放大倍数，得到实际的相位值。系统放大倍数的计算公式为

$$\beta = \frac{d_i - f}{f} \tag{4.15}$$

在 4.2.1 节计算得到放大像到显微透镜的距离 $d_i = d_f + f + d = 390\text{mm}$，焦距 $f = 15\text{mm}$，则计算出的系统放大倍数约为 25 倍。将重建相位结果缩小至原来的 1/25，最终得到光纤的实际相位投影图，如图 4.25 所示。

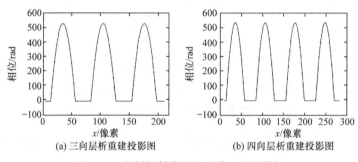

(a) 三向层析重建投影图   (b) 四向层析重建投影图

图 4.25　光纤折射率层析重建的投影数据

(2) 以图 4.25 所示的投影图作为层析重建的数据，采用代数迭代法对投影数据进行迭代重建，得到该截面的相位差分布图。由于采样像素间隔与投影射线的宽度相同，即 2.84μm，重建得到的像素尺寸为 2.84μm×2.84μm，同时假设同一个像素内的折射率值相同，则根据相位差与折射率的关系可计算出各个像素的折射率，有

$$\Delta\varphi_i = \frac{2\pi}{\lambda}(n_i - n_0)\Delta l \tag{4.16}$$

式中，$\Delta\varphi_i$ 为第 i 个像素的相位差；λ 代表波长；n_i 为第 i 个像素的折射率；n_0 为空气的折射率，且 $n_0 = 1$；Δl 为单位像素宽度。

根据相位的层析重建结果求出光纤折射率分布图，其结果如图 4.26 所示。

(3) 判断该截面是否为最后一个截面，若不是则重复步骤(1)和步骤(2)，直至最后一个截面，共截取 212 个截面进行层析重建，每个截面的厚度为 2.84μm。将重建得到的各个截面的折射率分布图绘制成光纤的三维结构图，如图 4.27 所示。

(a) 三向层析重建结果　　　　　　(b) 四向层析重建结果

图 4.26　三向及四向投影层析重建折射率分布

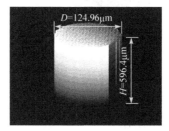

(a) 三向层析重建光纤三维结构图　　　　　　(b) 四向层析重建光纤三维结构图

图 4.27　层析重建结果

由图 4.26 和图 4.27 可知,采用四向投影的层析重建得到的光纤截面分布图的结果较好,且其直径与出厂值更加接近,而三向层析重建结果存在着失真和边缘精度较低的情况,直径的误差较大,但获得的截面分布是符合真实光纤的实际参数。该实验证明了少量投影数字全息层析重建技术不仅能得到光纤的外围轮廓,也能重建出光纤的内部结构分布,其重建效果较好。

4.3.2　石膏头像计算全息图层析重建

4.3.1 节针对轴对称结构样本实现了少量投影数字全息层析重建,本节针对非轴对称样本进行少量投影数字全息层析重建分析。被测样本为石膏头像,采用莫尔条纹投影法获得头像的三维面形轮廓[54],以此数据进行少量投影数字全息层析重建。原始石膏头像原图如图 4.28(a) 所示,假设其内部为单一折射率物质,同时进行三向计算全息层析重建与四向计算全息层析重建。

1. 计算全息图的获取

由于已经获得石膏头像的三维面型轮廓,需要进一步获得在各个方向上的计算全息图。首先令头像内部介质的折射率为 2,外部空气的折射率为 1,然后对头像数据每个 x-y 截面分别在竖直向下、斜向下 30°、斜向上 30°获得三向计算全息图的投影图,而四向计算全息图是在三向计算全息图的基础上增加一个水平向右投影，每个投影方向的投影射线数为 71 条，共在 z 轴方向上提取 212 个截面，例如，图 4.28(b)为 z=101 层截面处的投影方向示意图。

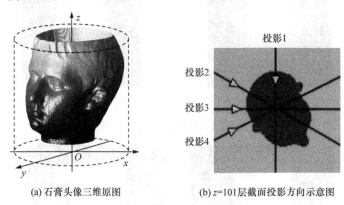

(a) 石膏头像三维原图　　　　　　　　　　(b) z=101层截面投影方向示意图

图 4.28　石膏头像

按照投影 1～4 的数据，基于菲涅耳衍射算法生成对应的数字全息图，如图 4.29(a)～(d) 所示。

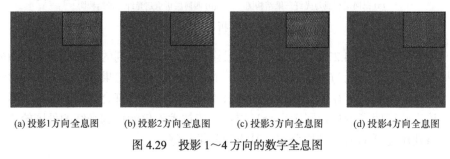

(a) 投影1方向全息图　　(b) 投影2方向全息图　　(c) 投影3方向全息图　　(d) 投影4方向全息图

图 4.29　投影 1～4 方向的数字全息图

2. 数字全息图的数值重建

对如图 4.28 所示的数字全息图依次采用菲涅耳衍射算法进行数值重建，得到的重建相位分布如图 4.30 所示。在各向投影的重建相位图中，除部分数据缺失外，均可看出头像不同角度的轮廓。

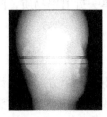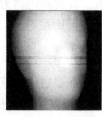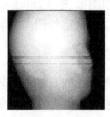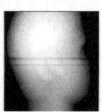

(a) 投影1方向相位　　　(b) 投影2方向相位　　　(c) 投影3方向相位　　　(d) 投影4方向相位

图 4.30　各向投影的数字全息图数值重建相位图

3. 迭代层析重建

基于迭代层析重建算法，对如图 4.30 所示的投影 1～3 方向相位进行三向层析重建、投影 1～4 方向相位进行四向层析重建，具体步骤如下：

(1) 在同一高度的 z 轴上提取各幅相位图截面，以该截线为代数迭代算法的投影值进行重建，得到头像某一截面的与折射率有关的结构分布图。图 4.31(a)和(b)分别是 z=101 处三向层析重建和四向层析重建的截面分布。可见三向层析重建在边缘区域存在较大的伪影，而四向层析重建结果的伪影得到了很好的抑制。

(a) 三向层析重建截面图　　　　　　　(b) 四向层析重建截面图

图 4.31　z=101 处层析重建截面图

(2) 依次进行下一截面的层析重建，直至重建出 z 轴方向上的 212 个截面分布图。将各个截面进行叠加，得到头像的三维分布，结果如图 4.32 所示。观察石膏头像重建的三维分布，可见不管是三向层析重建还是四向层析重建，都能获得较好的重建效果，但对于一些轮廓比较复杂的区域，如耳朵、眼部等，四向层析重建效果明显高于三向层析重建效果。对于像素间变换较大(即图像较复杂)的区域，当投影方向不够时，其迭代解会产生非收敛解，且由于采用了中值滤波，一些跳变较大的区域会平滑化。

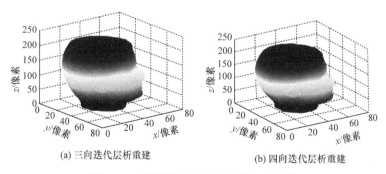

(a) 三向迭代层析重建　　　　　　　(b) 四向迭代层析重建

图 4.32　迭代层析重建石膏头像三维分布

4.4 三视角单幅层析全息图重建模拟和分析

4.4.1 三视角单幅层析全息图频谱分布特征

单幅层析全息图是指所有视角的物光波衍射信息均被同一幅全息图记录。若基于单幅层析全息图进行层析重建，则必须把其中的各向物光波信息分离提取。下面模拟分析单幅层析全息图频谱分布的特征，以及各视角物光波干涉信息分离提取的可行性。

设三束不同物光波的基本相位结构均为抛物面，其表达式为

$$z = 0.05 - \frac{x^2 + y^2}{40000}, \quad z \leq 0 \tag{4.17}$$

对抛物面进行平移与复制操作，分别得到三束不同视角的物光波，其中 0°视角为一个抛物面，60°视角为两个抛物面，120°视角为三个抛物面。

设模拟激光波长为 632.8nm，记录的距离为 120mm，CCD 记录尺寸为 1024像素×1024 像素，像素尺寸为 4.65μm，抛物面相位的直径为 100 像素，相位幅值为 1.2π，三个视角物光波的倾斜参数分别为 k_{x1}=30、k_{y1}=50，k_{x2}=44、k_{y2}=44，k_{x3}=54、k_{y3}=54，空气折射率为 1。

为得到离轴层析全息图使得各物光波频谱分离，三个视角的物光波与参考光波的夹角应各不相同，因此，物光波 1 与参考光波的倾斜参数设置为 k_{x1}=0、k_{y1}=-50，物光波 2 与参考光波的倾斜参数设置为 k_{x2}=-50、k_{y2}=0，物光波 3 与参考光波的倾斜参数设置为 k_{x3}=-50、k_{y3}=-50。

设 I_H 表示数字全息图，O 表示物光波，三束物光波分别是 O_1、O_2、O_3，r 表示参考光波，则干涉生成单幅层析全息图的表达式为

$$\begin{aligned} I_H &= (O_1+O_2+O_3+r)\cdot(O_1+O_2+O_3+r)^* \\ &= (O_1\cdot O_1^* + O_2\cdot O_2^* + O_3\cdot O_3^* + r\cdot r^*) \\ &\quad + (O_1\cdot O_2^* + O_2\cdot O_1^* + O_1\cdot O_3^* + O_3\cdot O_1^* + O_2\cdot O_3^* + O_3\cdot O_2^*) \\ &\quad + (O_1\cdot r^* + r\cdot O_1^* + O_2\cdot r^* + r\cdot O_2^* + O_3\cdot r^* + r\cdot O_3^*) \end{aligned} \tag{4.18}$$

式中，* 表示共轭；第二个等号右侧的第一个括号内容是零级成分，第二个括号内容是各物光波之间的干涉成分，第三个括号内容是物光波与参考光波的干涉成分。

三束物光波与参考光波干涉生成的单幅层析全息图如图 4.33 所示，可见三个视角的物光波与参考光波的干涉成分互相重叠，无法分离。但由于采用离轴全息干涉方式,各物光波的频谱成分是相互分离的，如图 4.34 所示，其中 $F\text{-}O_1r$、$F\text{-}O_2r$、

$F\text{-}O_3r$ 表示物光波 1、物光波 2、物光波 3 与参考光波干涉的频谱成分，$F\text{-}O_1O_2$、$F\text{-}O_1O_3$、$F\text{-}O_2O_3$ 表示三个物光波彼此之间干涉的频谱成分。因此，$F\text{-}O_1r$、$F\text{-}O_2r$、$F\text{-}O_3r$ 是相互分离的，且受零级像和物光波彼此干涉的频谱成分干扰极小。采用矩形窗分别实现 $F\text{-}O_1r$、$F\text{-}O_2r$、$F\text{-}O_3r$ 频谱成分的分离提取，如图 4.35 所示，其中图 4.35(a) 为物光波 O_1 的频谱，图 4.35(b) 为物光波 O_2 的频谱，图 4.35(c) 为物光波 O_3 的频谱。

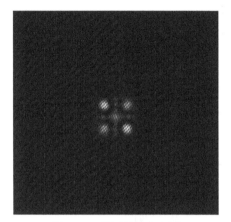

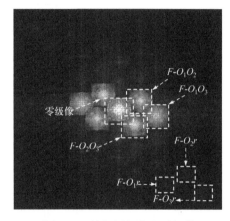

图 4.33　单幅层析全息图　　　　　图 4.34　单幅层析全息图频谱

(a) 物光波O_1的干涉频谱　　(b) 物光波O_2的干涉频谱　　(c) 物光波O_3的干涉频谱

图 4.35　各视角物光波的干涉频谱

4.4.2　三视角单幅层析全息图重建模拟

单幅层析全息图频谱特征表明包含在单幅层析全息图中的三个视角的物光波相位能被分离，因此继续模拟分析单幅层析全息图的层析重建，并选择折射率渐变型光纤作为被测物体。单幅层析全息图重建模拟流程如图 4.36 所示。

具体的操作过程如下：

(1) 模拟产生折射率渐变型光纤，用三束平行光对其进行照射，得到三个视角的物光波。三个方向的物光波与参考光波叠加，得到单幅层析全息图。

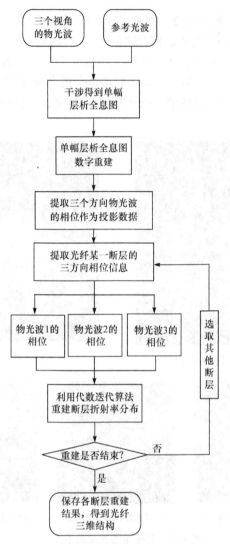

图 4.36　三视角单幅层析全息图重建流程图

(2) 进行单幅层析全息图数字重建。

(3) 选取光纤某一断层作为待重建断层，提取数字重建得到的相位中该断层的相位，利用代数迭代算法进行层析重建。

(4) 重复步骤(3)，重建不同断层的折射率分布，组合得到整根光纤的折射率分布(三维结构)。

激光波长为632.8nm,记录的距离为120mm,CCD记录尺寸为1024像素×1024像素，像素尺寸为4.65μm，光纤的直径为90像素，光纤中心折射率最大为1.4，三个方向物光波的倾斜参数分别为$k_{x1}=30$、$k_{y1}=50$, $k_{x2}=44$、$k_{y2}=44$, $k_{x3}=54$、$k_{y3}=54$,

空气折射率为 1。

光纤的三维轮廓如图 4.37(a) 所示，其中某一断层的折射率分布如图 4.37(b) 所示，其灰度由深到浅对应折射率由小到大。图 4.37(c) 为光源以 0°、60°、120° 视角穿过光纤的入射示意图。

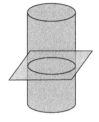

(a) 光纤轮廓三维分布

(b) 光纤某一断层折射率分布

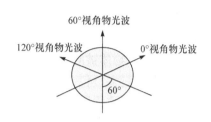

(c) 三视角投影示意图

图 4.37　模拟生成的光纤模型

三视角物光波与参考光波离轴干涉叠加得到单幅层析全息图，按照上述模拟步骤进行频谱分离，获得各视角的物光波频谱分布，再基于卷积积分算法实现各视角的物光波相位重建，继续选取三视角物光波相位分布的某一断层作为投影数据进行迭代层析重建，最终得到光纤在所选取断层处的折射率分布，如图 4.38 所示，中间越亮表示折射率越大，由浅到深的变化表明折射率值由大到小的变化。

比较图 4.38 和图 4.37(b) 中的折射率分布，根据平均误差公式和最大误差公式计算得到单幅层析全息图重建结果的平均误差为 0.66%，最大误差为 5.15%。

重复选取不同的断层进行层析重建，一共重建 20 层，将 20 层断层叠加得到层析重建光纤折射率三维分布，如图 4.39 所示。可见图中所示光纤的颜色沿半径往外由白色渐变为灰色，表明折射率由大到小渐变。

图 4.38　迭代层析重建光纤
断层处折射率分布

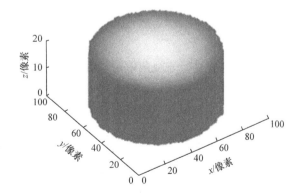

图 4.39　迭代层析重建光纤三维折射率分布

4.4.3　三视角单幅层析全息图重建关键参数分析

单幅层析全息图重建主要分为全息数值重建和三维层析重建两个环节。全息数值重建过程和三维层析重建过程都会引入误差。影响全息数值重建结果的参数有重建距离、物光波与参考光波的夹角、频谱截取窗口的形状等，影响三维层析重建结果的参数有重建矩阵、迭代次数、松弛因子、投影数等。在此主要讨论重建矩阵(表示物体断层的矩阵)对层析重建结果的影响。

用来表示物体被测断层折射率分布的矩阵称为重建矩阵。重建矩阵越大，得到的数据量就越多，包含物体的细节信息也就更丰富，但同时计算机需要处理的数据会增多，导致程序运行时间增加。本节主要分析重建矩阵的大小与层析重建误差的关系，从而选取合适的重建矩阵。

在此采用光纤断层作为检测样本，原始的光纤断层用 701 像素×701 像素矩阵表示，重建矩阵大小分别为 21 像素×21 像素、31 像素×31 像素、41 像素×41 像素、71 像素×71 像素、101 像素×101 像素、141 像素×141 像素、181 像素×181 像素、241 像素×241 像素。基于各矩阵重复三视角单幅层析全息图迭代层析重建，得到层析重建误差与重建矩阵大小的关系，如表 4.3 所示。从表中可知，增大重建矩阵能降低平均误差，考虑到重建矩阵的增大会使程序运行时间增加，后续的实验中取重建矩阵大小为 101 像素×101 像素。

表 4.3　采用不同大小重建矩阵进行层析重建的误差

重建矩阵大小 /(像素×像素)	21×21	31×31	41×41	71×71	101×101	141×141	181×181	241×241
平均误差/%	4.12	3.72	3.56	3.45	3.41	3.40	3.39	3.38

4.5　三视角单幅层析全息图重建实验

本节主要进行三视角单幅层析全息图重建实验分析，包括三视角单幅层析全息图记录系统的设计、三视角单幅层析全息图的频谱滤波及其数值重建，并最终实现全息重建相位分布的层析重建。

4.5.1　三视角单幅层析全息图记录系统设计

本实验以马赫-曾德尔干涉光路结构为基础，搭建三视角单幅层析全息图记录系统，选择具有周期结构的相位光栅作为被测样本，光栅周期为 100μm。由于相位光栅的周期较小，在 CCD 前增加显微物镜，构成后放大数字全息显微记录方式。图 4.40 为三视角单幅层析全息图记录系统示意图，激光器发出的激光在扩束准直后经三次分光形成四束光波，一束作为参考光波，另三束按逆时针顺序依次作为 0°、60°和120°入射光波，穿过被测光栅，对应形成物光波 1、物光波 2 和物光波 3。各束物光波与参考光波束汇合干涉形成三视角层析全息平面。层析全息平面再经显微物镜放大由 CCD 记录，即得到后放大单幅层析全息图。其中，激光器光源波长为 664.7nm，空间滤波器由显微物镜和 15μm 微小孔组成，后放大方式采用 20 倍显微物镜实现，CCD 面径尺寸为 1392 像素×1024 像素。图 4.41 为系统采集到被测相位光栅的三视角单幅层析全息图，可以看出其中包含了多组干涉信息。

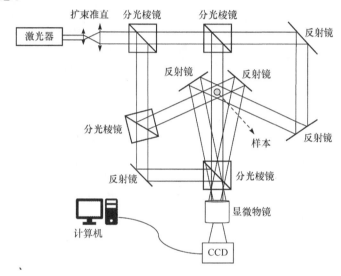

图 4.40　三视角单幅层析全息图记录系统示意图

图 4.41　相位光栅三视角单幅层析全息图

4.5.2　三视角单幅层析全息图的频谱滤波

三视角单幅层析全息图经过傅里叶变换可获得频谱图，如图 4.42(a) 所示。基于离轴方式的三视角单幅层析全息图中各物光波干涉信息在频域中两两分离，因此可以进行频谱滤波来实现各物光波信息的提取，但需要采用合适的滤波窗口。图 4.42(b) 为采用矩形窗滤波获得的 60°视角物光波 2 的频谱分布，对应的全息重建结果如图 4.43(a) 所示。图 4.42(c) 为采用高斯窗滤波获得的 60°视角物光波 2 的频谱分布，对应的全息重建结果如图 4.43(b) 所示。可见采用矩形窗滤波后全息重建得到的相位不稳定，波动比较大，而采用高斯窗滤波后全息重建得到的相位比较平滑，因此在后续的实验过程中将采用高斯窗进行滤波。

(a) 单幅层析全息图频谱

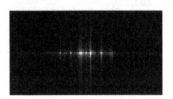

(b) 矩形窗截取频谱

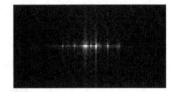

(c) 高斯窗截取频谱

图 4.42　三视角单幅层析全息图及其基于不同窗口的频谱滤波

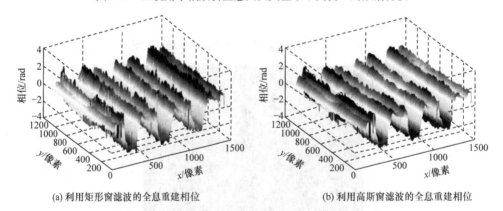

(a) 利用矩形窗滤波的全息重建相位　　　　　　　(b) 利用高斯窗滤波的全息重建相位

图 4.43　基于不同频谱滤波的物光波 2 全息重建相位

4.5.3　三视角单幅层析全息图的数值重建

1. 全息图重建距离分析

三视角单幅层析全息图记录系统中采用 20 倍显微物镜对全息平面进行放大，

如图 4.44 所示。由于不能精确知道全息平面的位置，重建距离和放大倍数都不能直接确定或计算。为此利用清晰度评价函数寻找最佳重建距离，评价函数包含的全息重建像清晰度与重建距离的关系如图 4.45 所示。当重建距离为 165mm 时，全息重建像最清晰，即 165mm 是全息重建的最佳重建距离。

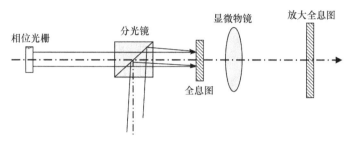

图 4.44　后放大数字全息显微记录方式示意图

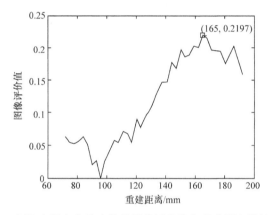

图 4.45　相位光栅全息重建像的图像评价值与重建距离的关系曲线

2. 三视角物光波相位重建

依次从三视角单幅层析全息图的频谱图中分离得到三视角物光波的干涉信息，利用卷积积分算法基于最佳重建距离 165mm 进行数值重建，得到三个视角物光波的原始相位，如图 4.46 所示。图 4.46(a) 上、中、下依次为物光波 1、物光波 2、物光波 3 的重建相位，图 4.46(b) 上、中、下依次为物光波 1、物光波 2、物光波 3 重建相位的相同横截线分布。

依据相位光栅的周期、后放大显微物镜的 20 倍率、像素尺寸 4.65μm 和重建相位任一周期的像素数，计算物光波 1、物光波 2、物光波 3 重建相位对应的周期 T_1、T_2、T_3，得到

$$T_1 = \frac{(765-350)/2 \times 4.65}{20} = 48.244\mu\text{m} \tag{4.19}$$

$$T_2 = \frac{(855 - 455) \times 4.65}{20} = 95.325 \mu m \tag{4.20}$$

$$T_3 = \frac{(713 - 305) / 2 \times 4.65}{20} = 47.43 \mu m \tag{4.21}$$

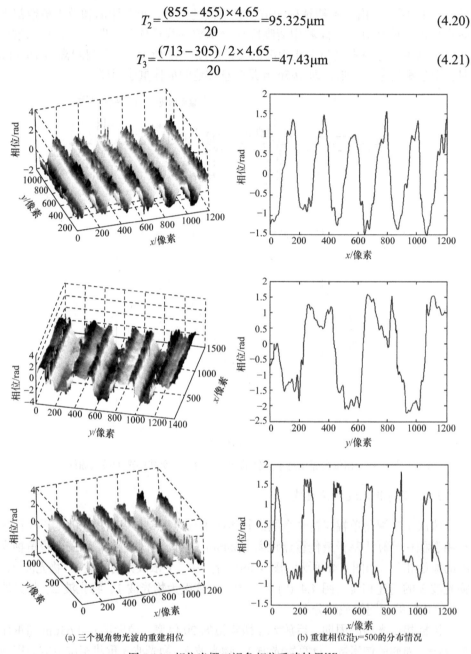

(a) 三个视角物光波的重建相位　　　　　　(b) 重建相位沿y=500的分布情况

图 4.46　相位光栅三视角相位重建结果[55]

3. 重建误差分析

三视角物光波重建相位周期分别为 48.24μm、95.325μm 和 47.43μm，而实验所采用相位光栅的周期大约为 100μm，因此除物光波 2 重建相位周期比较接近外 (约 5%的误差)，物光波 1 和物光波 3 的重建相位周期与实际相位光栅样本的周期相差很大。下面进一步分析物光波 1 和物光波 3 的重建相位周期应该是多少。

考虑三束物光波照射被测光栅的角度，物光波 O_1 和物光波 O_2 的简化光路图如图 4.46(a) 所示(物光波 O_3 与物光波 O_1 类似)。物光波 O_1 和物光波 O_3 斜入射到光栅上，它们的入射方向与光栅的法线方向夹角都是 60°，CCD 采集到的物光波信息实际上是相位光栅在全息平面上的几何投影，而物光波 2 是垂直入射相位光栅，CCD 采集到的物光波信息是相位光栅在全息平面上的正面投影。由图 4.47(a) 可知，产生正面投影的物光波 O_2 相位周期等于样本光栅的周期，而物光波 O_1 的光轴与光栅的法线夹角为 60°，根据平面镜成像特性，物光波 O_1 的光路可以等效成 4.47(b) 中虚线所示的光路，图中 L 为被测相位光栅的实际长度，l 为 CCD 中接收到的相位光栅长度。由于物光波 O_1 的光轴与 CCD 的光轴夹角为 60°，可以得到 l 与 L 的几何关系为

$$l = L \times \sin 30° = 0.5L \tag{4.22}$$

得到物光波 O_1 中的光栅周期为

$$T_4 = 0.5 \times T_5 \tag{4.23}$$

式中，T_4、T_5 分别为物光波 2 在 CCD 上的投影周期和相位光栅实际周期。

根据式(4.23)计算物光波 1 和物光波 3 重建相位的周期，基本符合实际参数，重建误差约为 4%~5%，与物光波 2 的重建误差相等，表明三束物光波的信息均得以同等记录和重建。

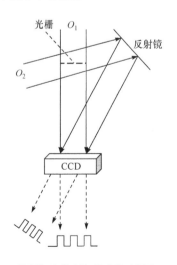

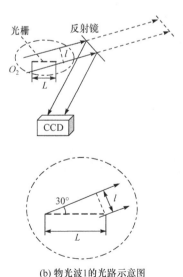

(a) 物光波1和物光波2的光路示意图　　　　　(b) 物光波1的光路示意图

图 4.47　物光波 1 和物光波 2 的简化光路图

4.5.4　三视角单幅层析全息图的层析重建

本节以折射率渐变型光纤(直径为 125μm)为被测样本进行三视角单幅层析全息图的重建实验。实验过程中对光纤样本分别进行了两种方式的全息图记录：①样本旋转两次、分时采集的三视角物光波全息图；②实时采集的三视角物光波全息图。

1. 分时采集三视角物光波全息图的层析重建实验

该实验采用旋转光纤的方式获得光纤三个视角的投影数据，利用数字全息技术在每个视角采集一幅全息图，经全息数值重建获得光纤三视角的投影数据。将投影数据分成 20 层，并选择 101 像素×101 像素重建矩阵，根据迭代层析重建方法对各视角投影进行减采样数字层析重建，具体如下：

(1) 选取待重建的某一断层，将该断层的三个视角物光波组合到一起，得到被测光纤在该断层的投影曲线。

(2) 根据投影曲线，利用层析重建算法对光纤该断层的折射率分布进行重建。由于处理过程中对数据矩阵做了缩小处理，计算获得重建矩阵中每个像素表示的实际大小为 1.38μm×1.38μm，假设同一个像素内的折射率值相同，则相位差与折射率的关系如式(4.17)所示。图 4.48(a) 就是被测光纤层析重建某断层折射率图。

(3) 重复步骤(1)和步骤(2)，直到完成最后一个截面的重建。共重建 20 个截面，每个截面代表的实际厚度为 1.38μm，将该 20 层截面叠加，得到的光纤三维结构如图 4.48(b) 所示，其折射率的渐变表现与实际特征一致。

 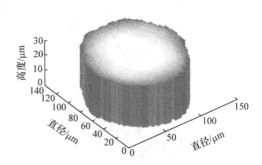

(a) 被测光纤层析重建某断层折射率图　　(b) 层析重建光纤三维结构图

图 4.48　分时采集三视角物光波全息图层析重建结果

2. 实时采集三视角物光波全息图的层析重建实验

实时采集得到三视角单幅层析全息图，如图 4.49 所示。同样利用频谱滤波方法和卷积积分算法依次重建获得各视角的相位分布，作为层析重建的投影数据。

将投影数据分成 20 层，取 101 像素×101 像素重建矩阵，逐层完成相位的层析重建，并映射为折射率分布和光纤结构，如图 4.50 所示。其中图 4.50(a) 为光纤断层折射率分布，图 4.50(b) 为光纤三维结构。

图 4.49　光纤的单幅层析全息图

比较图 4.48 和图 4.50，可见两种采集方式获得的三视角物光波重建结果还是有差异的，其中实时采集三视角物光波全息图层析重建结果中存在较多畸变和噪声，说明单幅层析全息图中包含的三视角物光波彼此之间存在干扰，影响了全息相位重建，最终影响了层析重建结果。

(a) 被测光纤层析重某断层折射率图

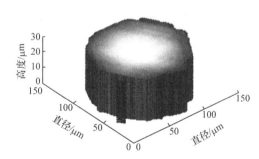

(b) 层析重建光纤三维结构图

图 4.50　实时采集三视角物光波全息图层析重建结果

4.6　生物细胞单幅层析全息图重建实验

4.6.1　立式三视角单幅层析全息图记录系统设计

本节针对生物细胞被测样本，根据单幅层析离轴全息图重建技术原理搭建三视角单幅层析全息图记录系统。考虑到测量样本的特殊性，对图 4.40 所示的三视角单幅层析全息图记录系统进行改进：①整体系统采用立式，以方便细胞培养皿的放置；②为降低系统调节复杂度，采用光纤耦合器代替传统的分光棱镜，并利用光纤准直器代替传统的傅里叶透镜准直光路；③考虑到 CCD 面径尺寸有限，利用三个分光棱镜使得三视角物光波最后均垂直入射 CCD。立式三视角单幅层析全息图记录系统设计示意图如图 4.51 所示。激光器发出的激光经过光纤耦合器后被均分成四束光波，分别被光纤准直器准直后形成四束平行光，其中一束平行光作为参考光波，另三束平行光以 0°、60°和 120°视角照射被测细胞形成三视角物光波信息，经过反射镜和分光棱镜后，分别与参考光波在 CCD 平面上干涉，形成单幅层析离轴全息图，经 CCD 采集后传到计算机进行处理。

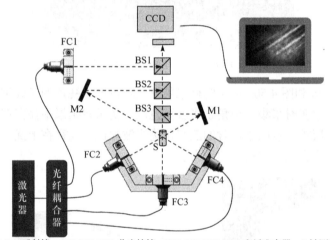

M1,M2-反射镜；BS1,BS2,BS3-分光棱镜；FC1,FC2,FC3,FC4-光纤准直器；S-被测物体

图 4.51　立式三视角单幅层析全息图记录系统设计示意图

实验系统中激光器(型号为 TLS001-635)光源波长为 635nm，功率可调且最大功率为 2.5mW，具有 FC/PC 接口。光纤耦合器(型号为 FCQ632-FC)的校准波长为 632nm，具备 1×4 单模耦合器，可实现等分光比。光纤准直器(型号为 F810FC-635)的校准波长为 635nm，光斑直径为 8mm，具有 FC/PC 接口。CCD 感光面的面径尺寸为 1280 像素×960 像素，像素尺寸为 4.65μm。

为保证三视角的角度准确性及被测生物细胞的合适放置，需要设计三视角光纤准直器夹具和载物平台。

1. 光纤准直器夹具设计

光纤准直器夹具主要作为光纤准直器的适配安装夹具，以及三视角光纤入射角度固定基座。

　　首先设计光纤准直器的适配安装夹具。由于光纤准直器是圆柱形结构,设计采用如图 4.52 所示的 T 形带孔支架。圆孔内螺纹与光纤准直器的 FC/PC 接口相适配,并采用缺口结构。缺口处用紧固螺丝进行旋转紧固。在 T 形吊扣支架底部设计两个螺纹孔,以便把光纤准直器夹具固定在基座上。

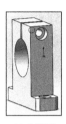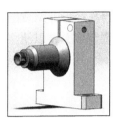

　　(a) 前视图　　　　　　　(b) 左视图　　　　　(c) 夹具俯视图　　　　(d) 准直器装配示意图

图 4.52　T 形带孔支架光纤准直器夹具设计图

　　立式三视角单幅层析全息图记录系统中的三视角物光波需要满足两个条件:①保证处于同一个水平面内;②彼此夹角为 60°。考虑到系统的简洁性和夹具受力的均匀性,设计三视角光入射角度固定基座如图 4.53 所示。整体基座设计为半五边形,以此保证三束平行光彼此之间固定保持为 60°夹角。装配好光纤准直器后的三视角光纤准直器夹具如图 4.54 所示。

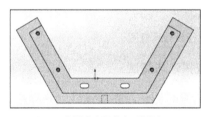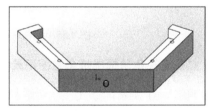

　　　　(a) 光纤准直器基座正视图　　　　　　　　(b) 光纤准直器基座仰视图

图 4.53　三视角光入射角度固定基座

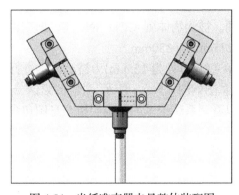

图 4.54　光纤准直器夹具整体装配图

2. 载物平台设计

由于待检测样本是活体细胞，检测时放置于培养液中，光束照射培养液形成透射式物光波，所以载物平台需要为透射式，其孔径大小需根据盖玻片或培养皿的尺寸、光源光斑的尺寸和三视角光束的视场尺寸进行精确设计。图 4.55 为载物平台孔径设计示意图，中间孔径的长度设为 51.50mm。将载物平台安装在一个二维调节架上，以便实现载物平台水平面的调整。

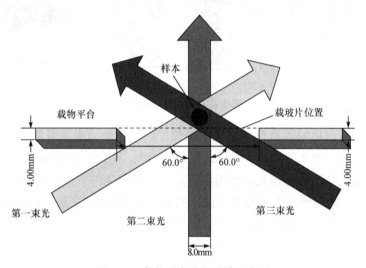

图 4.55　载物平台孔径设计示意图

4.6.2　立式三视角单幅层析全息图记录系统搭建与测试

按照图 4.51 所示的立式三视角单幅层析全息图记录系统设计，完成实验系统的搭建。激光器具有光纤接口(APC/FC)，可直接与光纤耦合器相连，光纤耦合器四个输出光纤头连接到光纤准直器，光纤准直器插入夹具固定，三束平行光交汇于被测样本，相互分离后经过反射镜、分光棱镜入射 CCD，并与参考光波干涉形成单幅层析离轴全息图。被测物体到 CCD 的距离，即三束物光波干涉的记录距离，分别为 150mm、275mm 和 350mm。

采用折射率渐变型光纤(直径为 125μm)为被测样本进行立式三视角单幅层析全息图记录，得到的全息图如图 4.56(a) 所示，对应的频谱分布如图 4.56(b) 所示。从频谱局部放大图可以看到系统记录的单幅层析全息图包含三视角的物光波信息，且彼此分离。

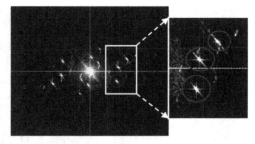

(a) 被测光纤三视角单幅层析全息图　　　　　　(b) 三视角单幅层析全息图频谱分布

图 4.56　被测光纤三视角单幅层析全息图及其频谱分布

4.6.3　生物细胞单幅层析全息图记录及层析重建

本节选择海拉细胞为实验样本。海拉细胞是生物学与医学研究中常用的一种细胞，来自一位美国妇女海莉耶塔·拉克斯的子宫颈癌细胞的细胞系。在医学界，海拉细胞被广泛应用于肿瘤细胞研究、生物实验或者细胞培养。图 4.57 为海拉细胞[56]被染色后的图片，可以看出它不是规则的球状结构。

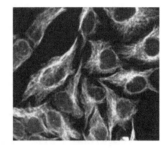

图 4.57　海拉细胞荧光图片[56]

1. 分时记录

对海拉细胞 0°、60° 和 120° 三视角物光波各自记录全息图，如图 4.58 所示。其中，图 4.58(a) 从左至右依次为 0° 视角物光波的全息图、频谱图和重建强度图，图 4.58(b) 从左至右依次为 60° 视角物光波的全息图、频谱图和重建强度图，图 4.58(c) 从左至右依次为 120° 视角物光波的全息图、频谱图和重建强度图。三束物光波的频谱信息彼此不重叠，各视角物光波强度都能得到有效重建。

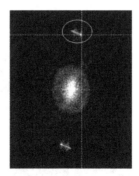
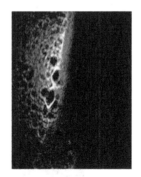

(a) 0°物光波全息图、频谱图和重建强度图(重建距离为275mm)

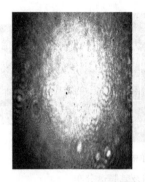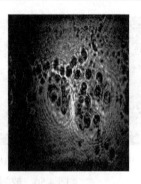

(b) 60°物光波全息图、频谱图和重建强度图(重建距离为150mm)

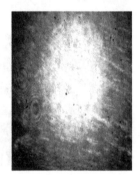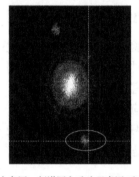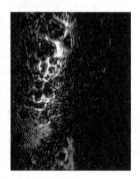

(c) 120°物光波全息图、频谱图和重建强度图(重建距离350mm)

图 4.58　海拉细胞分时采集三视角数字全息图及数值重建

2. 实时记录

三个视角的光束穿过海拉细胞，形成三束物光波。这三束物光波同时与参考光波在 CCD 的记录平面汇合，各自干涉，但同时被 CCD 记录形成单幅层析全息图，如图 4.59 所示。图 4.60 是三个视角的物光波重建相位，即层析重建所需的投影数据。细胞分为 21 层，利用代数迭代算法重建细胞断层数据，其重建矩阵的大

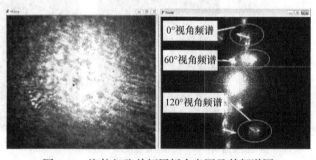

图 4.59　海拉细胞单幅层析全息图及其频谱图

小为 101 像素×101 像素，由于 CCD 的像素尺寸是 4.65μm，实际得到的细胞尺寸是 21 像素×21 像素，因此重建矩阵中每个像素表示的大小为 21×4.65/101 = 0.97μm。设同一个像素内的折射率值相同，则相位差与折射率的关系见式(4.16)。

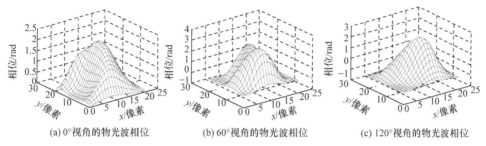

(a) 0°视角的物光波相位　　　(b) 60°视角的物光波相位　　　(c) 120°视角的物光波相位

图 4.60　海拉细胞三视角单幅层析全息图各视角物光波的重建相位

根据式(4.30)把层析重建结果换算得到实验海拉细胞各断层的折射率分布，其中第 5、7、9、11、13、15、17、19 层的折射率分布如图 4.61 所示。实验中共重建 21 个截面，每个截面的厚度为 4.3μm，21 层截面叠加得到的三维海拉细胞在 100μm 左右，和细胞实际尺寸相符。

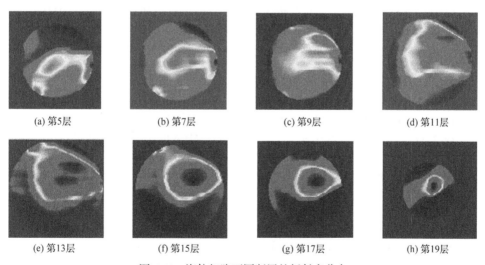

(a) 第5层　　　　　(b) 第7层　　　　　(c) 第9层　　　　　(d) 第11层

(e) 第13层　　　　　(f) 第15层　　　　　(g) 第17层　　　　　(h) 第19层

图 4.61　海拉细胞不同断层的折射率分布

参 考 文 献

[1] 蔡履中, 刘华光. 光学三维显示技术[J]. 现代显示, 1996, (1): 39-54.

[2] Peschmann K R, Napel S, Couch J L, et al. High-speed computed tomography: Systems and performance[J]. Applied Optics, 1985, 24(23): 4052-4060.

[3] Sharpe J, Ahlgren U, Perry P, et al. Optical projection tomography as a tool for 3D microscopy

and gene expression studies[J]. Science, 2002, 296(5567): 541-545.

[4] 胡晓云, 刘琳, 陆治国. 光学相干层析成象技术基本原理[J]. 激光杂志, 1998, 19(4): 1-3.

[5] Charrière F, Pavillon N, Colomb T, et al. Living specimen tomography by digital holographic microscopy: Morphometry of testate amoeba[J]. Optics Express, 2006, 14(16): 7005-7013.

[6] Schnars U, Juptner W P O. Digital recording and numerical reconstruction of holograms[J]. Measurement Science and Technology, 2002, 13: 85-101.

[7] 郁道银. 工程光学[M]. 北京: 机械工业出版社, 2001.

[8] Turbell H. Cone-Beam reconstruction using filtered back projection[D]. LinkoPing: LinkoPing University, 2001.

[9] 庄天戈. CT 原理与算法[M]. 上海: 上海交通大学出版社, 1992.

[10] Charrière F, Marian A, Montfort F, et al. Cell refractive index tomography by digital holographic microscopy[J]. Optics Letters, 2006, 31(2): 178-180.

[11] Kak A C, Slaney M, Wang G. Principles of computerized tomographic imaging[J]. Medical Physics, 2002, 29(1): 106-107.

[12] 高欣. 新型迭代图像重建算法的理论研究和实现[D]. 杭州: 浙江大学, 2004.

[13] Zysk A M, Reynolds J J, Marks D L, et al. Projected index computed tomography[J]. Optics Letters, 2003, 28(9): 701-703.

[14] Gureyev T E, Nesterets Y I, Pavlov K M, et al. Computed tomography with liner shift-invariant optical systems[J]. Journal of the Optical Society of American A, 2007, 24(8): 2230-2241.

[15] Li H, Wan X, Liu T L, et al. A computed tomography reconstruction algorithm based on multipurpose optimal criterion and simulated annealing theory[J]. Chinese Optics Letters, 2007, 5(6): 340-343.

[16] Radon J. Math[J]. Physics, 1917, 21(6): 262-267.

[17] Hounsfield G N. Computerized transverse axial scanning (tomography)[J]. British Journal of Radiology, 1973, 46(552): 1016-1022.

[18] 魏彪, 先武. 工业 CT 技术及其 NDT 应用[J]. 现代物理知识, 2000,12(C00): 77-79.

[19] 周红仙, 王毅. 光学三维成像实用系统[J]. 物理实验, 2006, 26(7): 3-7.

[20] Huang D, Swanson E A, Lin C P, et al. Optical coherence tomography[J]. Science, 1991, 254(5035): 1178-1181.

[21] 孙非, 薛平, 高湔松, 等. 光学相干成像的图像重建[J]. 光学学报, 2000, 20(8): 1043-1046.

[22] Massatsch P, Charrière F, Cuche E, et al. Time-domain optical coherence tomography with digital holography microscopy[J]. Applied Optics, 2005, 44(10): 1807-1812.

[23] Kulkarni M D, Thomas C W, Izatt J A. Image enhancement in OCT using deconvolution[J]. Electronics Letter, 1997, 33(16): 1365-1367.

[24] Poon T C, Liu J P. Introduction to Modern Digital Holography with MATLAB[M]. Cambridge: Cambridge University Press, 2014.

[25] Sato S. Laser Diagnostics and Modeling of Combustion[M]. Berlin: Springer Press, 1987.

[26] Snyder R. Lamberts Hess link[J]. Optics Letters, 1988, 13(2): 87-89.

[27] Lira I H, Vest C M. Refraction correction in holographic interferometry and tomography of transparent objects[J]. Applied Optics, 1987, 26(18): 3919-3928.

[28] 是度芳, 肖旭东, 陈韶华. 正交双物光波全息有限角层析技术重建燃烧器温度场[J]. 光学学报, 1995, 15(3): 1240-1244.

[29] Lu Y, Li H, Pan Q M, et al. Holographic coherence tomography for measurement of three-dimensional refractive-index space[J]. Optics Letters, 2002, 27(13): 1102-1104.

[30] Gao H Y, Chen J W, Xie H L, et al. Soft X-ray holographic tomography for biological specimens[C]. International Society for Optical Engineering, Munich, 2003: 215-223.

[31] 陈希慧, 焦春妍, 李俊昌. 空间载波相移法用于全息 CT 测量气体温度场[J]. 激光技术, 2006, 30(4): 412-414.

[32] Jozwicka A, Kujawinska M. Digital holographic tomography for amplitude-phase microelements[C]. Proceedings of SPIE Congress on Optics and Optoelectronics, Warsaw, 2005: 59580G-1-59580G-9.

[33] Bilski B J, Jozwicka A, Kujawinska M. 3D phase micro object studies by mean of digital holographic tomography supported by algebraic reconstruction technique[C]. Proceedings of SPIE Optical Engineering and Application, San Diego, 2007: 66720A-1-66720A-8.

[34] Jozwicka A, Kujawinska M, Kozacki T. Digital holographic tomography—The tool for microelements inbestigation[C]. Proceedings of SPIE Integrated Optoelectronics Devices, San Jose, 2007: 4880T-1-4880T-9.

[35] 陈希彗. 全息 CT 的基本理论及应用研究[D]. 昆明: 昆明理工大学, 2005.

[36] 张顺利. 工业 CT 图像的代数重建方法研究及应用[D]. 西安: 西北工业大学, 2004.

[37] Cormack A M. Representation of a function by its line integrals with some radiological applications[J]. Journal of Applied Physics, 1963, 34: 2722-2727.

[38] Herman G T. Image Reconstruction from Projections: The Fundamentals of Computerized Tomography[M]. New York: Academic Press, 1980.

[39] 张朋, 张兆田. 几种 CT 图像重建算法的研究和比较[J]. CT 理论与应用研究, 2001, 10(4): 4-9.

[40] 刘良云, 杨建峰. 层析型线阵推扫成像光谱技术及其仿真研究[J]. 光子学报, 2000, 29(1): 58-62.

[41] 李志鹏, 丛鹏, 邬海峰. 代数迭代算法进行 CT 图像重建的研究[J]. 核电子学与探测技术, 2005, (2): 78-80.

[42] 阎大鹏, 刘峰, 王振东, 等. 一种改进的代数迭代重建技术及其在三位温度场重建中的应用[J]. 光学学报, 1996, 16(9): 1296-1300.

[43] 秦中元, 牟轩沁, 王平, 等. 一种内存优化的代数重建算法及其快速实现[J]. 电子学报, 2003, 31(9): 1327-1329.

[44] Wang X, Chen Z Q, Xiong H, et al. Projection computation based on pixel in simultaneous algebraic reconstruction technique[J]. Nuclear Electronics & Detection Technology, 2005, 25(6): 784-788.

[45] 周斌. 代数重建算法的改进与应用研究[M]. 西安: 西北大学, 2008.

[46] Censor Y, Paul P B, Eggermont, et al. Srong under relaxation in Kaczmarz's method for inconsistent system[J]. Number Math, 1983, 41: 83-92.

[47] Ferraro P, Nicola S D, Finizio A, et al. Compensation of the inherent wave front curvature in digital holographic coherent microscopy for quantitative phase-contrast imaging[J]. Applied Optics, 2003, 42(11): 1938-1946.

[48] Mann C J, Yu L, Lo C M, et al. High-resolution quantitative phase-contrast microscopy by digital holography[J]. Optics Express, 2005, 13: 8693-8698.

[49] 周文静. 数字显微全息关键技术研究[D]. 上海: 上海大学, 2007.

[50] Cuche E, Marquet P, Depeursings C. Simultaneous amplitude-contrast and quantitative phase-contrast microscopy by numerical reconstruction of Fresnel off-axis hologram[J]. Applied Optics, 1999, 38: 103-126.

[51] 于美文. 光学全息学及应用[M]. 北京: 北京理工大学出版社, 1996.

[52] 袁操今, 钟丽云, 朱越, 等. 预放大相移无透镜傅里叶变换显微数字全息术的研究[J]. 激光杂志, 2004, 25: 51-53.

[53] 于美文. 光学全息及信息处理[M]. 北京: 国防工业出版社, 1984.

[54] Zheng H D, Yu Y J, Wang T, et al. A dynamic three-dimensional display technique based on liquid crystal spatial light modulator[C]. Proceedings of SPIE Photonics Europe, Strasbourg, 2008: 70001U-1-70001U-8.

[55] 周文静, 胡文涛, 瞿惠, 等. 单幅层析全息图得记录及数据重建[J]. 物理学报, 2012, 61(16): 164212-1-164212-8.

[56] Barata J F B, Zamarron A, Neves M G. Photodynamic effects induced by meso-tris(pentafluoro-phenyl) corrole and its cyclodextrin conjugates on cytoskeletal components of HeLa cells[J]. European Journal of Medicinal Chemistry, 2014, 92: 135-144.

第5章　压缩传感数字全息层析技术

数字全息技术可以实现物体三维信息的数字记录和数值重建，但由于其数值重建结果实际是物光波的积分运算结果，轴向各平面上的重建信息会互相串扰，所以无法实现物体三维信息的轴向分层重建。针对这一问题，本章将压缩传感理论应用于数字全息图的物光波衍射信息轴向重建，分析压缩传感技术对不同类型全息图中物光波衍射信息的轴向分层重建效果，以及影响重建效果的关键因素。

5.1　压缩传感数字全息层析技术原理

美国杜克大学 Brady 等首次将压缩传感理论与数字全息技术联系起来，提出了压缩全息技术(compressive holography)[1]，并通过实验验证采用压缩全息技术对相距较远的一幅双蒲公英的 Gabor 全息图进行层析重建的可行性[2]，重建结果如图 5.1 所示。压缩全息技术的提出开辟了压缩传感理论研究的新道路。随后，Brady 及其团队进一步分析压缩全息技术对散射型物体的重建质量[3,4]，将压缩全息技术应用于显微测量中[5,6]，并且在毫米波段范围内实现危险物品的安检工作[7,8]，克服了传统毫米波全息技术扫描时间长、处理速度慢的缺陷。

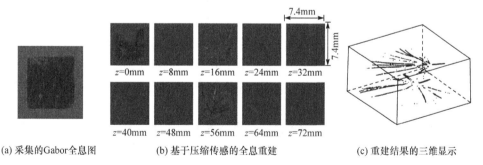

(a) 采集的Gabor全息图　　(b) 基于压缩传感的全息重建　　(c) 重建结果的三维显示

图 5.1　远距离的双蒲公英全息图三维重建

以色列内盖夫本-古里安大学成立了专门的课题组开展压缩全息技术方面的研究，Rivenson 等[9-11]关注压缩全息技术的理论和实现条件，取得丰富的研究成果[12]，如分析压缩传感在菲涅耳全息技术中的适用范围[13]、针对菲涅耳全息近场和远场实现高精度重建时的参数分析[14,15]、采用压缩菲涅耳全息技术实现物光波部分被遮挡时物体的重建[16]，如图 5.2 和图 5.3 所示；同时也研究了单曝光同轴全息中调节参考光波和物光波的恰当比值来提高压缩全息的轴向分辨能力[17]；还将压缩全息技术应用于多视角投影全息中，减少传统多视角投影全息重建的投影数以便节约操作时间[18,19]等。

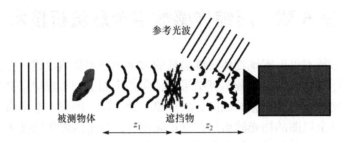

图 5.2　物光波部分被遮挡时的全息记录原理

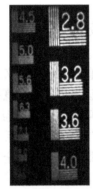

(a) 分辨率板的重建　　(b) 遮挡层重建　　(c) 被遮挡分辨率板　　(d) 被遮挡分辨率板
　　(无遮挡)　　　　　　(有遮挡)　　　　的重建(传统方法)　　的重建(压缩传感方法)

图 5.3　分辨率板的重建[5]

国外其他科研人员针对压缩全息技术也开展了不少的工作，如弱光照明条件下离轴压缩全息的验证[20]、相移干涉与单像素成像相结合开展镜片相位分布的评估[21,22]、三维物体的压缩全息立体显示[23,24]、压缩传感在声全息中的应用[25]、基于压缩传感的全息降噪新方法[26]等。

国内也陆续开展压缩传感理论在全息技术上的应用研究，如清华大学对相移压缩传感数字全息技术的研究[27]、浙江大学采用压缩传感同轴全息技术重建颗粒性物体[28]、华南师范大学基于压缩传感技术建立单像素的全息成像系统[29]等。

压缩全息技术不仅能够从少量的全息数据中实现物体的层析重建，而且对解决层析重建过程中层与层之间的串扰问题和噪声的消除问题，效果尤为明显。压缩全息技术具有广泛的应用前景，逐渐成为全息层析重建方面的一大研究热点，相应的研究成果不断涌现，但是对于数字全息图的不同减采样模式、不同采样率、不同程度噪声及不同记录装置情况下压缩全息的重建质量和轴向分辨率问题，还没有得到系统的研究。因此，本章主要针对上述问题开展基于压缩传感的数字全息层析重建的分析，实现全息图不同记录系统的采集和压缩传感层析重建，通过实验分析不同减采样模式、不同采样率、不同程度噪声对全息图压缩传感层析重建的影响，为全息图的高分辨率压缩传感层析重建提供理论基础和实验支撑，为压缩全息技术的实际应用建立理论技术基础。

5.1.1　压缩传感基本概念

1. 信号采集

传统的信号采集与处理都是在香农采样定理的基础上实现的。该定理指出，为了避免信号的失真，采样频率不得低于信号最高频率的两倍。传统的数据采集流程如图 5.4(a) 所示。在信号采集、存储/传输过程中，首先采用香农采样频率进行采样，然后将获得的信号进行压缩处理，采集和压缩过程依次进行，因此这种方式的采样率过高，导致数据量过于庞大，不能灵活地适应外部环境，会造成资源的极大浪费。

事实上，数据采集过程中获得的大部分非重要数据又会被丢弃，所以可以仅采集那些需要的测量值。在这种情况下，压缩传感理论可以解决相应的一些问题。压缩传感也称作压缩感知或压缩采样，可简单概括为在一定变换域或表达方式下具有稀疏性的信号或图像，先根据信号或图像本身的特征设计合适的投影矩阵，获得少量的观测值；然后利用适当的优化算法，通过这些少量的观测值重建出原始信号或图像。

图 5.4(b) 为压缩传感数据采集流程，可知压缩传感理论是将采样和压缩过程合二为一同时进行，采样数据即压缩数据。这样可以极大地降低采样率，提高数据处理效率。

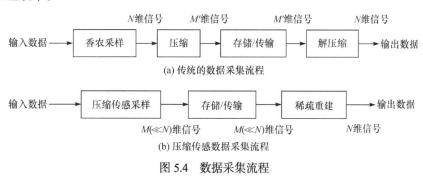

图 5.4　数据采集流程

2. 压缩传感理论数学模型

压缩传感理论的主要内容有信号的稀疏表示、测量矩阵和重构算法，通过这三者即可建立压缩传感理论的数学模型,如图 5.5 所示。

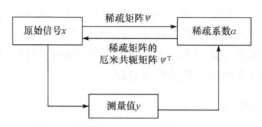

图 5.5　压缩传感理论数学模型示意图

下面就压缩传感理论数学模型展开分析。

对于压缩传感理论,首先应确定原始信号的稀疏变换域。原始信号在稀疏变换域上的稀疏表示是压缩传感理论的先验知识,如果原始信号在稀疏变换域下能稀疏表达,则其稀疏形式可如下描述:

$$\alpha = \psi^{\mathrm{T}} x \tag{5.1}$$

式中,x 是 N 维列向量的原始信号,即 $x \in \mathbf{R}^N$; ψ^{T} 为 N 行 K 列的稀疏矩阵 ψ 的厄米共轭矩阵,即 $\psi^{\mathrm{T}} \in \mathbf{R}^{K \times N}$ 是原始信号 x 在稀疏变换下的稀疏向量;$\alpha \in \mathbf{R}^K$ 。

压缩传感理论所采用的信号采集方式是基于测量矩阵的线性测量,其数据采集过程是利用测量矩阵 Φ 对原始信号 x 进行线性投影得到相应的测量值 y。据此,压缩传感线性测量的数学模型为

$$y = \Phi x \tag{5.2}$$

式中,Φ 为测量矩阵,且 $\Phi \leqslant \mathbf{R}^{M \times N}$,其中 $M \leqslant N$; y 为测量值,且 $y \in \mathbf{R}^M$; x 为原始信号,且 $x \in \mathbf{R}^N$ 。

图 5.6 为压缩传感线性测量示意图,由图可知:①信号的稀疏表示,是 N 行 K 列向量的原始信号 x 在稀疏变换矩阵 ψ 下得到低维的只含少数有用信息 α 的信号稀疏表达过程;②投影测量,用一个与稀疏变换矩阵 ψ 不相关的 $M \times N$ 维 $(M \leqslant N)$ 测量矩阵 Φ 对信号进行投影测量得到原始信号 x 的 M 个测量值 y 。

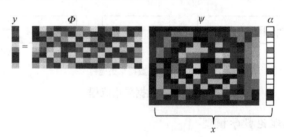

图 5.6　压缩传感线性测量示意图

由图 5.6 可知，原始信号 x 中的信息通过线性测量传递给了测量值 y，且测量值 y 的长度小于原始信号 x 的长度。虽然测量值的长度比原始信号的长度减小了，但是测量矩阵 Φ 不能破坏原始信号 x 中所包含的物体信息[30]，否则精确重建是不可能实现的。这是压缩传感线性测量的基本要求，也是实现信号精确重建的基本前提。

如果线性测量没有破坏 x 中所包含的信息，那么可以通过求解最小 l_0 范数法重构原始信号 x 的稀疏向量 $\hat{\alpha}$，即

$$\hat{\alpha} = \arg\min \|\alpha\|_0 \quad \text{s.t.} \ y = \Phi \psi \alpha \tag{5.3}$$

式中，$\|\alpha\|_0$ 为 α 的零范数；$\arg\min \|\alpha\|_0$ 表示 $\|\alpha\|_0$ 达到最小。式(5.3)表示满足约束 $y = \Phi \psi \alpha$，使得函数 $f(\alpha) = \|\alpha\|_0$ 达到最小时的取值 $\hat{\alpha}$。

在稀疏域内，对稀疏向量 $\hat{\alpha}$ 进行逆变换求解原始信号，可得未知原始信号 x，即

$$x = \psi \hat{\alpha} \tag{5.4}$$

5.1.2　压缩传感理论关键因素分析

1. 稀疏性分析

信号的稀疏性是压缩传感理论的应用前提，但是自然界的信号本身往往并不是稀疏的，需要将信号稀疏表示。信号的稀疏表示就是将给定的信号变换到其他的空间域，使得信号在该空间域具有更加简洁的表达形式。虽然自然界存在的真实信号一般不是绝对稀疏的，但是通过某种变换域变换之后，其变换系数具有如下特点：大多数的系数都很小，只有极少量的大尺寸系数，且这些系数包含了图像的大部分信息。以一幅 512 像素×512 像素的 Lenna 图像为例，该图像本身几乎所有像素点的值都不为零，但进行 Harr 小波变换之后，大部分系数为零，大于平均值的大尺寸数只有 6587 个，约占总数的 10%，如图 5.7 所示。

(a) 原始图像　　　　　　　(b) Haar小波变换后的稀疏图像

图 5.7　Lenna 图像的稀疏表示

图 5.7 表明自然界的信号在某些变换基上是可以稀疏表达的。通过某种变换

基，如果一个信号中绝大部分元素为零或者逼近于零，则称该信号为稀疏信号或可压缩信号，也可称信号具有稀疏性。

假设一个长度为 N 的原始信号 $x(n)(n=1,2,\cdots,N)$，在某个正交变换基 ψ 上是稀疏的或可压缩的，将其投影到正交变换基 ψ 上，得到

$$x(n) = \sum_{i=1}^{K} \psi_{n,i} \alpha(i) \tag{5.5}$$

式中，$\alpha(i)$ 是变换系数，且 $\alpha(i) = \sum_{i=1}^{N} \psi_{k,i}^{\mathrm{T}} x(i)$，$k=1,2,\cdots,K$。

式(5.5)表示，长度为 N 的原始信号 $x(n)$ 在某种变换基 ψ 下经过正交基的变换可得到稀疏信号 $\alpha(k)$，通过某种优化算法可以精确地或者高概率地还原原始信号 $x(n)$。若 K 远远小于 N，则称 α 为原始信号 x 的 K 稀疏表示，或者说信号 x 的稀疏度为 K。ψ 称为信号 x 的稀疏变换基。

2. 测量矩阵分析

压缩传感理论中，测量矩阵的选择对压缩传感的重建起着关键性的作用，其优劣决定了是否能够更为精确地重建原始信号。测量矩阵的选择需要保证：①所选择的测量矩阵能对信号进行降维采样，即实现信号的压缩处理；②在降维采样过程中，能将原始信号线性传递给测量值，且信息的结构不被破坏；③所选择的测量矩阵与稀疏表达矩阵满足约束等距性原则，以实现信号的精确重建。

为保证原始信号在降维采样过程中信息的几何结构不被破坏且其中的信息能够被正确地重建，Candes 等[31]指出测量矩阵必须满足约束等距性条件，即对于任意 $c \in \mathbf{R}^{\mathrm{T}}$ 和常数 $\delta_K \in (0,1)$，要求矩阵 Φ 满足不等式

$$(1-\delta_K)\|c\|_2^2 \leqslant \|\Phi c\|_2^2 \leqslant (1+\delta_K)\|c\|_2^2 \tag{5.6}$$

式中，$K \subset \{1,2,\cdots,N\}$；$\|\cdot\|_2$ 表示 l_2 范数。如果不等式成立，则称矩阵 Φ 满足约束等距性。

文献[32]指出，约束等距性原则从理论上给出了选择测量矩阵时所应满足的条件，但是实际中测量矩阵和稀疏表达矩阵是否满足约束等距性，其验证过程非常复杂，需要针对式(5.6)进行 C_K^N 次非零组合的验证工作。因此，需要提出约束等距性的等价条件，即测量矩阵与稀疏表达矩阵不相关。如果它们不相关，则等效矩阵在很大程度上满足约束等距性原则。

假设给定一对正交基 $(\Phi, \psi) \in \mathbf{R}$，第一个基 Φ 作为测量矩阵，用来获得原始信号的线性测量值；第二个基 ψ 作为稀疏表达矩阵，用来获得原始信号的稀疏系数。那么，两矩阵的不相干可表达为

$$\mu(\boldsymbol{\Phi},\psi) = \sqrt{N} \max_{1 \leqslant i,j \leqslant N} \left| \left\langle \boldsymbol{\Phi}_i, \psi_j \right\rangle \right| \tag{5.7}$$

式中，$\mu(\boldsymbol{\Phi},\psi)$ 度量了矩阵 $\boldsymbol{\Phi}$ 和 ψ 中任意两个元素之间的最大相关性；$\left\langle \boldsymbol{\Phi}_i, \psi_j \right\rangle$ 表示测量矩阵 $\boldsymbol{\Phi}$ 和稀疏表达矩阵 ψ 中的元素 $\boldsymbol{\Phi}_i$ 与 ψ_j 之间的相关性。$\mu(\boldsymbol{\Phi},\psi) \in [1,\sqrt{N}]$，如果矩阵 $\boldsymbol{\Phi}$ 和 ψ 中包含相关的元素，则互相干性大；否则，互相干性小。

目前测量矩阵已经成为压缩传感研究的热点，主要集中于傅里叶变换随机测量矩阵、高斯随机测量矩阵、伯努利随机测量矩阵、特普利茨测量矩阵和阿达马测量矩阵等。下面分别从典型的高斯随机测量矩阵、伯努利随机测量矩阵和傅里叶变换随机测量矩阵入手，介绍这些随机测量矩阵的特点。

1) 高斯随机测量矩阵

高斯随机测量矩阵 $\boldsymbol{\Phi}$ 中的元素 $\boldsymbol{\Phi}_{i,j}$ 相互独立，且服从均值为零、方差为 $1/\sqrt{M}$ 的正态分布，即

$$\boldsymbol{\Phi}_{i,j} \sim N(0,1/\sqrt{M}) \tag{5.8}$$

它与常用的正交稀疏矩阵不相关。对于不同的稀疏基 ψ，高斯随机测量矩阵 $\boldsymbol{\Phi}$ 都能够保证稀疏基和测量基在很大概率下满足约束等距性原则[32,33]。假设原始信号的稀疏度为 K，长度为 N，通过高斯随机测量矩阵进行随机投影，仅需 $M \geqslant cK\log(N/K)$ 次测量得到的随机测量值，就能够高概率地精确重建原始信号。

高斯随机测量矩阵的优点在于它几乎与任意稀疏信号都不相关，因而所需测量次数少。但是高斯随机测量矩阵元素占用存储空间大，且因其非结构化的特点而不能根据信号精度的变化改变计算量，致使计算量庞大且计算过程复杂[34]。

2) 伯努利随机测量矩阵

伯努利随机测量矩阵 $\boldsymbol{\Phi}$ 中的每一个元素 $\boldsymbol{\Phi}_{i,j}$ 均独立同分布，且服从对称伯努利分布，即

$$\boldsymbol{\Phi}_{i,j} = \begin{cases} +\dfrac{1}{\sqrt{M}}, & \text{概率为} 0.5 \\[2mm] -\dfrac{1}{\sqrt{M}}, & \text{概率为} 0.5 \end{cases} \tag{5.9}$$

伯努利随机测量矩阵是一种随机性极强的矩阵。从结构上来看，可以将其看作高斯随机测量矩阵的一种特殊情况，它同样可以高概率地满足约束等距性原则。由于伯努利随机测量矩阵中的元素仅有两种可能的取值 $+\dfrac{1}{\sqrt{M}}$ 或 $-\dfrac{1}{\sqrt{M}}$，它比高斯随机测量矩阵结构简单，运算量小。

3) 傅里叶变换随机测量矩阵

傅里叶变换随机测量矩阵是从 $N \times N$ 维傅里叶变换基中随机抽取 M 行构成的[35]。为了提高重构效果,可以对矩阵进行单位正交化。傅里叶变换随机测量矩阵 $\boldsymbol{\Phi}$ 中的第 k 个元素 $\boldsymbol{\Phi}_{i,j}$ 满足

$$\boldsymbol{\Phi}_{i,j} = \mathrm{e}^{\frac{2/\pi}{N}kn} \tag{5.10}$$

由于傅里叶变换随机测量矩阵本身是由傅里叶基构成的,它不可能与傅里叶基自身不相干,所以这类矩阵不能用于傅里叶域稀疏信号的压缩传感重建。但是傅里叶变换测量矩阵对于其他许多变换域稀疏信号,如小波域稀疏的自然信号或者图像等,相干性小,能够作为压缩传感的核心基对实现高精度的重建。傅里叶变换随机测量矩阵的优点是可以通过快速傅里叶变换进行计算,采样系统复杂度低。

综上所述,高斯随机测量矩阵所需测量次数少,但矩阵元素所占用存储空间大,且计算过程复杂;伯努利随机测量矩阵结构简单,运算量小,但它不是结构化的,没有快速有效的矩阵向量乘法,实现代价高,不利于物理实现;具有结构化特性的傅里叶变换随机测量矩阵与许多稀疏表达矩阵相干性低,能够实现高精度的重建,且可以通过快速傅里叶变换进行计算,具有系统复杂度低的特点。

3. 重构算法分析

压缩传感技术能否从 M 个测量值 y 中精确或高概率地重构出长度为 N 或 $M \times N$ 的高维度原始信号 x ,主要取决于重构算法。由于测量数据的维数远远小于原信号的维数,信号的重建过程中需要求解一个限定方程组,可能得到无穷多个解。压缩传感理论就是利用信号的稀疏性,将限定方程组的求解问题转化为 l_0 范数最小化问题,即

$$\hat{x} = \arg\min \|x\|_0 \quad \text{s.t.} \quad y = \boldsymbol{\Phi} x \tag{5.11}$$

但是方程(5.11)的求解过程是一个多项式复杂程度非确定性(non-deterministic polynomial hard, NPH)问题,需要穷举信号 x 中所有可能的 C_N^K (k 为 x 中非零值的个数)个非零项的所有排列可能,直接求解非常困难。

针对上述难题,研究人员提出一系列的次优解算法,主要包括 l_1 范数最小化算法、匹配追踪(matching pursuit, MP)算法和最小全变差算法。

1) l_1 范数最小化算法

压缩传感理论的 l_1 范数最小化求解思想是将式(5.11)中最优化问题的 l_0 范数转化为 l_1 范数进行求解,得到 l_1 范数最小化求解公式为

$$\hat{x} = \arg\min\|x\|_1 \quad \text{s.t.} \quad y = \Phi x \tag{5.12}$$

式(5.11)和式(5.12)是等价的。公式的求解问题是一个凸优化问题，可以转化为线性规划问题加以求解，这种方法也称为基追踪(basis pursuit, BP)法。如果考虑系统误差，上述问题可以转化为l_1最小范数重建问题，即

$$\hat{x} = \arg\min\|x\|_1 \quad \text{s.t.} \quad \|y - \Phi x\|_2 \leqslant \varepsilon \tag{5.13}$$

实际应用中，测量数据中难免会含有噪声，噪声的存在将对系统性能产生较大的影响，在此引入相应的降噪算法——两步迭代法。因此，基于最小l_1范数的两步迭代计算公式[36]发展为

$$f(x) = \arg\min_x \frac{1}{2}\|y - \Phi x\|_2^2 + \gamma\|x\|_1 \tag{5.14}$$

式中，y为原始信号x的测量数据；Φ为系统中带有测量误差的线性测量矩阵；$\|x\|_1$为输入x中非零的个数；γ为正则化参数。

为满足压缩传感重建算法，y、f和x都应该采用一维向量表示；而x求解过程中是在不断更新当前值，其更新计算方程为

$$\begin{cases} x_t = \prod_\gamma\left(x_{t-1} + \dfrac{\Phi^{\mathrm{T}}(y - \Phi x_{t-1})}{s}, \dfrac{t_{\mathrm{hr}}}{s}\right) \\ x_t = (1-\alpha)x_{t-2} + (\alpha-\beta)x_{t-1} + \beta\Gamma_\gamma(x_{t-1}, t_{\mathrm{hr}}) \end{cases} \tag{5.15}$$

式中，$t \geqslant 2$；x_0为初始值；α、β为决定收敛速度的两个参数；Γ_γ为降噪函数；$\prod_\gamma$为阈值降噪函数，t_{hr}为阈值，s为调节步长，该降噪函数只保留比t_{hr}/s大的数据，其余数据置为零。

根据以上所述，若测量数据已知，设迭代时间$t = 2$，迭代终止值为ε，步长$s = 1$，则基于l_1范数最小化算法的两步迭代重建过程总结如下：

(1) 根据$y = \Phi x$反向求解x，令$x_0 = x$，同时计算x_0的目标函数$f(x_0)$。

(2) 降噪处理：$x_1 = \prod_\gamma\left(x_0 + \dfrac{\Phi^{\mathrm{T}}(y - \Phi x_0)}{s}, \dfrac{t_{\mathrm{hr}}}{s}\right)$，计算$x_1$的目标函数，比较$f(x_0)$和$f(x_1)$，若$f(x_1) > f(x_0)$，则采用$2s$重新计算，否则继续下一步。

(3) 更新迭代时间$t = t + 1$。

(4) 根据式(5.15)，由前两个估计值x_{t-1}和x_{t-2}评估x_t。

(5) 计算x_t的目标函数$f(x_t)$，比较$f(x_t)$和$f(x_{t-1})$：若$f(x_t) > f(x_{t-1})$，则更新$x_0 = x_{t-1}$并返回步骤(2)，否则继续下一步。

(6) 计算终止函数$C(x_t, x_{t-1}) = \left|f(x_t) - f(x_{t-1})\right|/f(x_t)$，比较$C(x_t, x_{t-1})$和$\varepsilon$：若$C(x_t, x_{t-1}) > \varepsilon$，则更新迭代次数$t = t + 1$且返回步骤(4)，否则停止迭代。

2) 匹配追踪算法

匹配追踪算法是由 Mallat 等[37]提出的一种经典的贪婪迭代算法。经过几十年的研究，学者们在匹配追踪算法的基础上相继提出了正交匹配追踪(orthogonal matching pursuit, OMP)算法[38,39]、分段正交匹配追踪(stagewise orthogonal matching pursuit, SOMP)算法[40]和正则化正交匹配追踪(regularized orthogonal matching pursuit, ROMP)算法[41]。

正交匹配追踪算法不仅能够实现与匹配追踪算法相同的检测性能，而且具有更快的收敛速度，在压缩传感重建中应用较为广泛。下面以正交匹配追踪算法为例说明匹配追踪信号重建算法的基本思想。假设待重建信号 $x \in \mathbf{R}^N$，且 $f(x_0) = K$，测量矩阵 $\Phi \in \mathbf{R}^{M \times N}$，测量值 $y \in \mathbf{R}^M$，从测量值 y 中通过测量矩阵 Φ 恢复原始信号 x：在每次迭代过程中，选择测量矩阵 Φ 中与测量值 y 的残差相关性最大的列，从测量值 y 的残差中减去所选列对测量值的贡献，将它们之间的差值作为下一步迭代的残差继续迭代，直至迭代次数达到稀疏度 K，停止迭代。

3) 最小全变差算法

最小全变差算法最早主要是针对二维图像的增强、降噪和修复等提出的[42,43]。随着压缩传感理论的出现，Candes 等[44]将最小全变差算法应用于二维图像的压缩传感重建工作。

基于最小全变差约束的二维图像压缩传感重建可表示为

$$\hat{x} = \arg \min \|x\|_{\mathrm{TV}} \quad \text{s.t.} \quad y = \Phi x \tag{5.16}$$

式中，$\|\|_{\mathrm{TV}}$ 为图像的全变差，可通过图像离散梯度之和计算，即

$$\|x\|_{\mathrm{TV}} = \sum_{i,j} \sqrt{(\nabla_{h,ij} x)^2 + (\nabla_{v,ij} x)^2} \tag{5.17}$$

式中，$\nabla_{h,ij} x = \begin{cases} x_{i+1,j} - x_{i,j}, & i < N \\ 0, & i = N \end{cases}$，$\nabla_{v,ij} x = \begin{cases} x_{i,j+1} - x_{i,j}, & j < M \\ 0, & j = M \end{cases}$。

最小全变差算法是针对二维图像重建提出的，对二维图像的重建精度高，但是运行时间长，不属于快速算法。

基于最小全变差算法的两步迭代求解公式为

$$f(x) = \arg \min_x \frac{1}{2} \|y - \Phi x\|_2^2 + \gamma \|x\|_{\mathrm{TV}} \tag{5.18}$$

式中，y 为原始信号 x 的测量数据；$\|x\|_{\mathrm{TV}} = \sum \sqrt{(x_{i+1,j} - x_{i,j})^2 + (x_{i,j+1} - x_{i,j})^2}$ 为信号 x 的全变差值；Φ 为系统中带有测量误差的线性测量矩阵。

根据压缩传感重建算法，x 求解过程是在不断更新其当前值，其更新计算方程为

$$\begin{cases} x_t = \Gamma_\gamma \left(x_{t-1} + \dfrac{\Phi^{\mathrm{T}}(y - \Phi x_{t-1})}{s}, \dfrac{t_{\mathrm{hr}}}{s} \right) \\ x_t = (1-\alpha)x_{t-2} + (\alpha - \beta)x_{t-1} + \beta\Gamma_\gamma(x_{t-1}, t_{\mathrm{hr}}) \end{cases} \quad (5.19)$$

式中，Γ_γ 为降噪函数，$\Gamma_\gamma = \psi_\gamma^{\mathrm{T}}\big(x_t + \Phi^{\mathrm{T}}(y - \Phi x_i)\big)$；$\psi_\gamma^{\mathrm{T}} = \sum\limits_i T\big\{\langle x, \psi_i \rangle\big\}\psi_i$，$T$ 为软收缩处理函数(即保留其中的大系数，较小系数置为零)。

ψ_γ^{T} 具体可以通过以下步骤实现：首先，在 ψ 域上对 x 进行变换，得到变换系数；然后确定阈值，对变换系数进行软收缩处理；最后进行逆变换得到更新值。ψ 域的选择问题也就是稀疏变换域的选择，常用的方法有小波基法、傅里叶变换基法和典范基法等。

综上所述，匹配追踪算法虽然在压缩传感中应用较为广泛，但是不适合处理大规模和超大规模的二维图像问题，而且它是利用一列基向量去更新所选基向量，在存在噪声的情况下将直接影响信号的重建精确度。针对基于压缩传感的全息层析重建，本节着重分析 l_1 范数最小化算法和最小全变差算法的优劣，为全息图的层析重建选择更为合适的算法。

5.1.3　压缩传感理论与全息层析重建

1. 压缩传感在数字全息技术中的适用性分析

本节所有理论分析和模拟实验都是采用如图 5.8 所示的坐标系统。

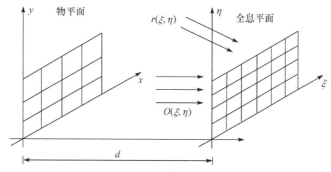

图 5.8　全息图记录空间坐标关系示意图

由图 5.8 可知，物平面上的物平面信息 $o(x,y)$ 在全息平面上的衍射光场 $O(\xi,\eta)$ 与参考光波 $r(\xi,\eta)$ 发生干涉，得到全息图，其光强分布为

$$I_{\mathrm{H}}(\xi,\eta) = \big|O(\xi,\eta) + r(\xi,\eta)\big|^2 = O(\xi,\eta)^2 + r(\xi,\eta)^2 + 2\mathrm{Re}\big[O(\xi,\eta)r(\xi,\eta)\big] \quad (5.20)$$

式中，$I_{\mathrm{H}}(\xi,\eta)$ 为全息图上的光强分布；(ξ,η) 为全息平面上的坐标系。

考虑到式(5.20)中的 $r(\xi,\eta)$ 和 $r(\xi,\eta)^2$ 是与物光波信息无关的常数项，且一般可通过去除直流项的方法消除，因此在建模时可以忽略它们的影响。设 $O(\xi,\eta)^2$ 为系统误差 $n(\xi,\eta)$，式(5.20)可整理为

$$I_{\mathrm{H}}(\xi,\eta) = 2\mathrm{Re}\big[O(\xi,\eta)\big] + n(\xi,\eta) \tag{5.21}$$

这表明全息面上的光强分布与物光波衍射场之间为带有系统误差的线性映射关系，也表明记录的全息图可近似为仅包含物平面的信息 $o(x,y)$ 在全息面上的衍射信息 $O(\xi,\eta)$。

全息面上的物光波衍射场根据菲涅耳近似理论可定义为

$$O(\xi,\eta) = o(x,y) * h(x,y) \tag{5.22}$$

式中，$o(x,y)$ 为物平面信息；$*$ 表示卷积；$h(x,y)$ 为菲涅耳近似条件下的点扩展函数 $\exp\left[\dfrac{\mathrm{i}\pi}{\lambda z}(x^2 + y^2)\right]$，$\lambda$ 为光波波长，z 为光波传播距离。

在菲涅耳近似条件下，二维物平面的衍射场可扩展为

$$\begin{aligned}
O(\xi,\eta) &= o(x,y) * h(x,y) \\
&= \iint o(x,y)\exp\left\{\dfrac{\mathrm{i}\pi}{\lambda z}\big[(\xi-x)^2 + (\eta-y)^2\big]\right\}\mathrm{d}x\mathrm{d}y
\end{aligned} \tag{5.23}$$

接下来将从菲涅耳近似的近场区和远场区分别考虑压缩传感理论应用于全息层析重建的适用性。

1) 菲涅耳近似的远场区

被测物体处于远场测量区域时，可得到夫琅禾费衍射。在不考虑常数项因子的情况下，夫琅禾费衍射可定义为[45]

$$\begin{aligned}
O(\xi,\eta) &= \exp\left[\dfrac{\mathrm{i}\pi}{\lambda z}(\xi^2 + \eta^2)\right]\iint o(x,y)\exp\left[\dfrac{-\mathrm{i}2\pi}{\lambda z}(\xi x + \eta y)\right]\mathrm{d}x\mathrm{d}y \\
&= \exp\left[\dfrac{\mathrm{i}\pi}{\lambda z}(\xi^2 + \eta^2)\right]F_{x,y}\left\{o(x,y)\exp\left[\dfrac{\mathrm{i}\pi}{\lambda z}(x^2 + y^2)\right]\right\}
\end{aligned} \tag{5.24}$$

对式(5.24)进行离散化[46,47]，可得

$$\begin{aligned}
O(r\Delta x_z, l\Delta y_z) &= \exp\left(\mathrm{i}\pi\dfrac{r^2\Delta x_z{}^2 + l^2\Delta y_z{}^2}{\lambda z}\right) \\
&\quad \times F_{p,q}\left\{o(p\Delta x_0, q\Delta y_0)\exp\left[\dfrac{\mathrm{i}\pi(p^2\Delta x_0{}^2 + q^2\Delta y_0{}^2)}{\lambda z}\right]\right\}
\end{aligned} \tag{5.25}$$

式中，Δx_0、Δy_0 分别为物空间单个像素的长宽尺寸；Δx_z、Δy_z 分别为记录平面内单个像素的长宽尺寸；(r,l)、(p,q) 分别为物点坐标、记录面上点的坐标。

若菲涅耳远场近似成立，即式(5.25)有效，则需要物体记录距离满足

$z \geqslant z_0 = n\Delta x_0^2/\lambda$，此时菲涅耳近似为傅里叶测量矩阵，而傅里叶测量矩阵与典范基可保持低相干性 $(\mu = 1)$。因此，只要测量个数 $m \geqslant CK\log N$ (C 为常数，K 为信号的稀疏度，N 为被测物体像素总数)，就能够通过压缩传感实现全息图的高精度重建。

2) 菲涅耳近似的近场区

被测物体处于近场区域时，菲涅耳近似可采用卷积方法实现。在不考虑常数项因子的情况下，菲涅耳近场区衍射可定义为

$$O(\xi,\eta) = \iint o(x,y)\exp\left\{\frac{\mathrm{i}\pi}{\lambda z}\left[(\xi-x)^2 + (\eta-y)^2\right]\right\}\mathrm{d}x\mathrm{d}y \tag{5.26}$$

对式(5.26)进行离散化，得到

$$O(r\Delta x_z, l\Delta y_z) = F^{-1}\exp\left[-\mathrm{i}\pi\frac{\lambda z}{n^2}\left(\frac{r^2}{\Delta x_0^2} + \frac{l^2}{\Delta y_0^2}\right)\right]F\left[o(p\Delta x_0, q\Delta y_0)\right] \tag{5.27}$$

若菲涅耳近场近似成立，即式(5.27)有效，则需要物体记录距离满足 $z \leqslant z_0 = n\Delta x_0^2/\lambda$。在这种情况下，对于二维物平面测量，其菲涅耳变换矩阵与典范基的相干性 $\mu \approx N_F^2/N$ [48](N_F 为正方形孔径 $n\Delta x_0^2$ 的菲涅耳数，N 被测物体像素总数)。因此只需测量个数 $m \geqslant C(N_F^2/N)K\log N$，就能够通过压缩传感实现全息图的高精度重构。

基于上述两种情况的理论分析，可知压缩传感理论应用于全息层析重建的适用性可从两方面考虑：①全息记录系统为菲涅耳远场记录时，测量基相当于傅里叶测量矩阵，它与典范基之间的相干性最小且 $\mu = 1$，根据压缩传感理论，当 $m \geqslant CK\log N$ 时可以实现高精度重建；②全息记录系统为菲涅耳近场记录时，测量基为菲涅耳测量矩阵，它与典范基之间的相干性 $\mu \approx N_F^2/N$，根据压缩传感理论，只要测量个数 $m \geqslant C(N_F^2/N)K\log N$，也可以实现高精度重建。

2. 压缩全息技术关键因素分析

根据压缩传感理论，压缩传感能否从少量的全息测量数据中精确重建三维物体，涉及三大核心问题：①稀疏矩阵的选择：选择最佳的稀疏表达矩阵。通过稀疏域中少量的系数能够精确描述原始物体，并作为后续优化重建的稀疏基。②测量矩阵的选择：选择合适的测量矩阵，使其与稀疏基之间满足约束等距性原则，实现物体的高概率重建。③重建算法的选择：选择适合的重建算法，获得最优的重建结果。

对于全息记录系统来说，将三维物体(即三维立体数据)记录在同一幅全息图中，这相当于物点的散射场叠加。由此可知，对于某一确定的全息记录系统，系统的测量矩阵是确定的，是关于点扩展函数的线性表示。因此对于压缩全息技术，

测量矩阵是确定的，只需根据全息记录系统去分析并获得它的数学模型，并不需要人为的选择，从而只需考虑稀疏矩阵和重建算法的选择。

1) 稀疏矩阵的选择

前面提到信号的稀疏表达方式有很多种，如小波基、傅里叶基和典范基等。由于傅里叶变换基与傅里叶基本身相关性很大，同时全息测量矩阵是傅里叶矩阵或者与傅里叶矩阵密切相关的菲涅耳矩阵，所以对于全息测量系统，不适合选择傅里叶基作为压缩全息的稀疏基。

压缩传感重建主要关心的是低相干基对，采样数相同，相干性越低则重建精度越高[20]。就线性方程来讲，稀疏基 Φ 与测量基 ψ 之间的相干性 $\mu(\Phi,\psi) \in [1,\sqrt{n}]$ 。同时傅里叶基与典范基之间的相干性 $\mu(\Phi,\psi) = \sqrt{n}\max\left|\left\langle \Phi_i, \psi_j \right\rangle\right| = 1$ ，相干性最低；而傅里叶基与小波基之间的相干性 $\mu(\Phi,\psi) \approx \sqrt{2}$ [14]。因此本书后续章节将选择典范基作为物体的稀疏表达基。下面将傅里叶变换基作为测量矩阵，分别以小波变换基和典范基作为原始信号的稀疏基，采用最小变差算法实现物体的重建，分析重建结果的优劣。

为了分析重建结果的优劣，定义均方误差评定公式为

$$P_{\mathrm{mse}} = \frac{1}{MN} \sum_{i=1}^{M} \sum_{j=1}^{N} (y_{i,j} - x_{i,j})^2 \tag{5.28}$$

式中，M 和 N 为图像行列数；$x_{i,j}$ 为原始图像像素的灰度值；$y_{i,j}$ 为重建图像像素的灰度值。

现通过模拟实验进行验证分析，模拟对象为如图 5.9 所示的细胞图像，大小为 256 像素×256 像素。

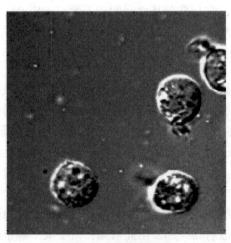

图 5.9　细胞图像(原图)

　　具体的模拟过程如下：①对细胞原图进行随机线性测量，测量矩阵为快速傅里叶变换矩阵，从 65536 个原始数据中抽取 25%的数据作为测量值；②分别用小波变换基和典范基作为原始图像的稀疏基；③采用最小全变差算法重建原始图像，迭代 300 次；④分别获得其重建结果，并与原始图像进行比较，得出结论。

　　图 5.10 为细胞图像的最小全变差算法重建结果。图 5.10(a)和(c)分别为傅里叶-典范基和傅里叶-小波基的重建结果，可知采用典范基作为稀疏基的重建结果比小波基要好些，且得到的均方差要小些。图 5.10(b)和(d)分别为对应重建结果与原始图像的差值，可知典范基重建结果的残余误差要小，相应的重建结果更接近原始图像。由上述结果可以确定，在傅里叶矩阵作为测量基以及使用相同重建算法的条件下，采用典范基为稀疏基的重建结果要比小波基作为稀疏基的重建结果更优，残余误差相对要小。因此，在后续压缩全息层析重建中均采用典范基作为原始物体的稀疏基。

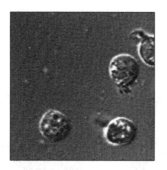

(a) 傅里叶-典范基重建结果(均方差为0.050)

(b) 傅里叶-典范基重建结果与原图差值

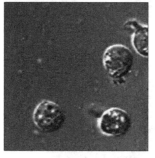

(c) 傅里叶-小波基重建结果(均方差为0.054)

(d) 傅里叶-小波基重建结果与原图差值

图 5.10　细胞图像的最小全变差算法重建结果

2) 重建算法的选择

　　在前面提到的重建算法中，最常用的有正交匹配追踪算法、l_1 范数最小化算法和最小全变差算法。匹配追踪算法的局限性在 5.1.2 节中已论述，在此只针对后两种算法进行对比分析。l_1 范数最小化算法在处理二维图像时可以减少迭代次数，能够快速收敛。专门针对图像处理提出的最小全变差算法在图像的降噪方面具有明显的优势，重建精度高，但是收敛速度较慢。在此将通过一幅幻影图像的模拟实验来说明 l_1 范数最小化算法和最小全变差算法在迭代时间和重建精度上的差异，权衡它们之间的优缺点并最终确定后续选择的重构算法。

模拟对象为幻影图像Phantom.bmp，图像大小为256像素×256像素，如图5.11(a)所示。具体的模拟过程如下：

(1) 对原始图像进行随机线性测量，测量矩阵为傅里叶变换矩阵，获得观测值。

(2) 分别利用 l_1 范数最小化算法和最小全变差算法重建噪声图像，迭代100次。

(3) 分别获得重建结果，并比较随着计算时间的增加，两种方法的目标函数收敛情况以及重建结果的均方差，得出相应的结论。

重建结果如图5.11(b)~(e)所示。从图5.11(b)和(c)可以看出，在相同的稀疏条件和测量矩阵下，最小全变差算法比 l_1 范数最小化算法获得更高的重建质量；图5.11(e)相比于图5.11(d)具有更多的噪声，进一步说明最小全变差算法的重建结果更趋近于原始图像。另外，在迭代次数相同的情况下，l_1 范数最小化算法虽然运算时间比最小全变差算法要短，但是重建误差比最小全变差算法大，因此后续将采用最小全变差算法来实现全息图的层析重建。

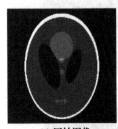 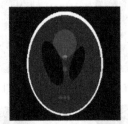 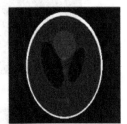

(a) 原始图像　　　　(b) 最小全变差算法重建结果　　　　(c) l_1范数最小化算法重建结果

(d) 最小全变差算法重建误差　　(e) l_1范数最小化算法重建误差

图5.11　幻影图像重建结果及其相关误差

3. 压缩全息技术频域变密度减采样模式

自然界中的图像，其频域数据的大多数信息都集中在频域中心位置，且信息分布密度从中心位置向边缘逐渐衰减[49,50]。全息图是一种光学记录全息图像，要实现全息图的压缩传感重建，可以对全息图频域数据进行减采样或者压缩处理[51]。减采样或者压缩处理可以通过在原点附近采集大部分数据、在边缘采集少量数据的方法实现。为了生成采样密度满足上述中间密度大、边缘密度小的衰减特点的采样矩阵，可以采用以下三种变密度减采样模式：射线变密度减采样模式、螺旋线变密度减采样模式和指数分布变密度减采样模式[49]。下面分别介绍这三种变密度减采样模式的形成机理，并分析三种变密度减采样模式下图像压缩传感重建的质量。

1) 变密度减采样模式形成机理

(1) 射线变密度减采样模式：从采样矩阵的中心开始，等间距地生成一系列射线，射线所处位置的像素值为 1，其他位置为 0，从而形成满足中间密度大、边缘密度小的采样模式。射线变密度减采样模式可描述为

$$\theta = I_k \frac{360}{m} \Rightarrow \begin{cases} x = R\cos\theta \\ y = R\sin\theta \end{cases}, \quad R \in \{r_1, r_2, \cdots, r_n\} \tag{5.29}$$

式中，θ 为极坐标下射线的极角；m 为射线变密度减采样模式中的射线条数；I_k 为极坐标下逆时针计算的射线条数；R 为减采样矩阵中采样点与矩阵中心的距离；n 为采样点的个数；(x, y) 为射线变密度减采样模式中的采样点。

根据式(5.29)即可形成所需要的射线变密度减采样模式。例如，从变密度减采样模式矩阵中心开始，等分为 60 条射线，减采样模式如图 5.12(a) 所示(采样率为25%)。采样率定义为所采集的数据量与整个数据量的比值，即

$$\mathrm{SR} = \frac{S_m}{A_n} \times 100\% \tag{5.30}$$

式中，SR 为采样率；S_m 为采集的数据量；A_n 为整个数据量。

(2) 螺旋线变密度减采样模式：螺旋线最早由笛卡儿坐标系描述，它是以一个固定点开始向外逐渐旋绕而形成的中间紧密、边缘稀疏的一条曲线。螺旋线变密度减采样的解析式可由极坐标描述，即

$$\rho = a\theta \Rightarrow \begin{cases} x = \rho\cos\theta \\ y = \rho\sin\theta \end{cases} \tag{5.31}$$

式中，ρ 为极角半径；a 为调节参数。

可通过改变参数 a 调节曲线疏密度，采样点 (x, y) 的强度值为 1，其他点为 0。例如在给定参数 a 的情况下，形成中间高密度、边缘稀疏采样的螺旋线变密度减采样模式，如图 5.12(b) 所示(采样率为 25%)。

(3) 指数分布变密度减采样模式：为了形成采样密度满足中间密度大、边缘密度小的衰减特点的采样模式，假定随机采样的概率分布服从

$$p(x,y) = \exp\left[-\left(\sqrt{x^2+y^2}\right)^{\alpha_s^2} \middle/ \beta_s^2\right] \tag{5.32}$$

式中，$p(x,y)$ 为点 (x,y) 被采样的概率；α_s 和 β_s 分别为采样率和采样个数。

　　生成的概率密度服从指数分布的采样模式如图 5.12(c) 所示(采样率为 25%)。图中白色表示被采集数据的点，黑色表示未采集数据的点。

　　(a) 射线变密度减采样模式　　　(b) 螺旋线变密度减采样模式　　(c) 指数分布变密度减采样模式

图 5.12　变密度减采样模式

2) 变密度采样模式性能分析

　　为了实现图像压缩传感重建，需要选择恰当的变密度减采样模式对图像频域进行减采样。下面分别对射线、螺旋线和指数分布变密度减采样模式进行模拟实验，从中选择恰当的变密度减采样模式作为后续实验中压缩全息的减采样模式。

　　模拟对象为 512 像素×512 像素的狒狒头像图，如图 5.13 所示。具体的模拟过程如下：

图 5.13　狒狒头像图

(1) 对狒狒头像图进行随机线性测量，测量矩阵为傅里叶变换基，稀疏矩阵为典范基；采用三种变密度减采样模式分别进行减采样，获得原始图像的三类减采样数据。数据一：采样率为 25%，不同采样模式下的三类一组频域减采样数据；数据二：采样率逐渐递增 10%，分别为 10%、20%、…、100%，不同采样模式下的三类十组频域减采样数据。

(2) 利用最小全变差算法对压缩数据进行优化重构，迭代 200 次。

(3) 分别获得两类实验下的图像重建结果，并比较重建结果与原始图像之间的偏差情况，计算重建结果的均方差，得出相应的结论。

图 5.14 为不同减采样模式、相同采样率(采样率 25%)时狒狒头像图的压缩传感重建结果。从重建结果图 5.14(a)、(c)和(e)可知，在采样率为 25%时，指数分布变密度减采样模式得到的重建图像最为清晰，细节最为丰富；从重建结果与原始图像的差值图 5.14(b)、(d)和(f)可知，指数分布变密度减采样模式得到的差值图像残余最少，其他两种采样模式得到的差值图像之间的差距不大。随着采样率的增大，三种变密度减采样模式下的重建均方差不断减小，且对于相同采样率，指数分布变密度减采样模式比其他两种减采样模式的重建均方差要小，在采样率较小时尤其明显。

(a) 射线变密度减采样模式重建结果

(b) 射线变密度减采样模式重建结果
与原始图像的差值

(c) 螺旋线变密度减采样模式重建结果

(d) 螺旋线变密度减采样模式重建结果
与原始图像的差值

(e) 指数分布变密度减采样模式重建结果　　　(f) 指数分布变密度减采样模式重建结果
与原始图像的差值

图 5.14　三种变密度减采样模式、采样率为 25%时的图像重建质量

综合模拟分析可知：①随着采样率的不断提高，三种变密度减采样模式的重建质量不断提高；②对于同一采样率，指数分布变密度减采样模式具有比射线变密度减采样模式和螺旋线变密度减采样模式更优的重建质量。因此，选择指数分布变密度减采样模式作为后续压缩全息技术中的频域变密度减采样模式。

5.2　基于压缩传感的无放大全息层析重建方法

全息图的无放大记录系统分为无放大同轴全息记录系统和无放大离轴全息记录系统。无放大同轴全息记录系统虽然装置简单，可以充分利用 CCD 的空间带宽积，但是同轴全息图的重建结果受到零级像和共轭像的影响[52]，效果较差。无放大离轴全息记录系统虽然装置较无放大同轴全息记录系统复杂些，且不能充分利用 CCD 的空间带宽积，但是可以得到三个空间分离的衍射分量，能够观察到所需的原始物体像[53]。本节首先利用这两种无放大全息记录系统获得无放大全息图，然后采用指数分布变密度减采样模式实现全息图频域信息的少量提取，最后实现基于最小全变差算法的压缩传感无放大全息层析重建。

5.2.1　基于压缩传感的无放大全息记录

1. 无放大同轴全息记录系统($\theta=0°$)

采用的无放大同轴全息记录系统如图 5.15 所示。系统中激光器发出的激光经空间滤波器滤波并扩束之后，由准直透镜得到实验所需光斑大小的平行光束，平行光束照明被测物体，由 CCD 记录样本的无放大同轴全息图。

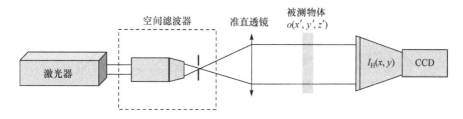

图 5.15　无放大同轴全息记录系统示意图

设物空间坐标系为 (x',y',z')，记录平面坐标系为 (x,y)，平面光波为 $Ae^{i\theta(x,y)}$，被测物体为 $o(x',y',z')$。由于采用同轴全息记录系统，参考光波与物光波之间的夹角为零，即 $\theta = 0°$，所以 CCD 记录的无放大同轴全息图强度值 $I_{\text{H-in}}$ 为

$$I_{\text{H-in}}(x,y) = \left|A + E(x,y)\right|^2$$
$$= \left|A\right|^2 + \left|E(x,y)\right|^2 + A^*E(x,y) + AE^*(x,y) \tag{5.33}$$

式中，$E(x,y)$ 为被测物体 $o(x',y',z')$ 传播至 CCD 记录平面上的散射场；$\left|E(x,y)\right|^2$ 为散射场 E 的强度值；$\left|A\right|^2$ 仅仅是一个常量，可以通过从干涉强度图的傅里叶变换中消除直流项的方法去除；A^*、$E^*(x,y)$ 分别为原变量的共轭。

一般假设 A 为 1，同时忽略 $\left|E(x,y)\right|^2$ 所引起的非线性特征，并将 $\left|E(x,y)\right|^2$ 定义为系统误差，则有

$$I_{\text{H-in}}(x,y) \approx \left|E(x,y)\right|^2 + A^*E(x,y) + AE^*(x,y)$$
$$= \left|E(x,y)\right|^2 + 2\text{Re}\left[E(x,y)\right] \tag{5.34}$$
$$= 2\text{Re}\left[E(x,y)\right] + e(x,y)$$

式中，$e(x,y)$ 为光学记录系统的误差。式(5.34)表示物体散射密度与测量数据之间的线性映射关系。

2. 无放大离轴全息记录系统 $(\theta \neq 0°)$

采用的无放大离轴全息记录系统如 5.16 所示。激光器发出的激光经空间滤波器滤波且扩束之后，由准直透镜得到实验所需光斑大小的平行光束，平行光束经分光棱镜分成参考光波和物体照明光波，物体照明光波透过被测物体与参考光波在记录平面相遇，由 CCD 记录样本的无放大离轴全息图。

由于采用离轴全息记录系统，参考光波与物光波之间的夹角 $\theta \neq 0°$，此时 CCD 记录的无放大离轴全息图强度值 $I_{\text{H-off}}$ 为

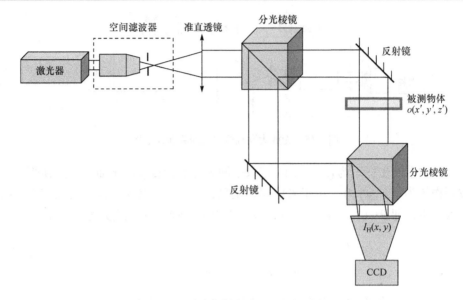

图 5.16　无放大离轴全息记录系统示意图

$$I_{\text{H-off}}(x,y) = \left| Ae^{i\theta(x,y)} + E(x,y) \right|^2$$
$$= |A|^2 + |E(x,y)|^2 + Ae^{-i\theta(x,y)}E(x,y) + Ae^{i\theta(x,y)}E^*(x,y) \tag{5.35}$$

式中，前两项强度分布为零级项，第三、第四项分别为±1 级项。它们在全息图时域内是相互叠加的，但在离轴全息图傅里叶变换域内是相互分离的，零级项位于原点，±1 级项分别集中在坐标 $\left(\dfrac{k_x}{2\pi}, \dfrac{k_y}{2\pi} \right)$、$\left(-\dfrac{k_x}{2\pi}, -\dfrac{k_y}{2\pi} \right)$ 处，因此能够滤除 -1 级项和零级项，保留 +1 级项的频谱信息，并且移动 +1 级项频谱至频域中心，再通过傅里叶逆变换获得含有 +1 级项频谱的全息图。

同样假设 A 为 1，经上述方式处理之后，其全息图的强度分布可表达为

$$I_{\text{H-off}}(x,y) \sim e^{-i\theta(x,y)}E(x,y) \tag{5.36}$$

式中，$e^{-i\theta(x,y)}$ 为相位影响因子，在三维物体强度重建过程中可以忽略它的影响，则式(5.36)可简化为

$$I_{\text{H-off}}(x,y) \sim E(x,y) \tag{5.37}$$

5.2.2　基于压缩传感的无放大全息重建

根据玻恩近似条件，无放大全息记录系统的物体 $o(x',y',z')$ 的衍射场 E 可定义为

$$E(x,y) = \iiint o(x',y',z')h(x-x',y-y',z-z')\mathrm{d}x'\mathrm{d}y'\mathrm{d}z' \tag{5.38}$$

三维物体由 $o(x',y',z')$ 表示，并约定记录平面 $z'=0$。设定记录平面采样间距 $\Delta x = \Delta y = \Delta z$，$\Delta z$ 为 z 方向的采样间距，三维物体每个维度方向的像素个数分别为 N_x、N_y、N_z，(k,l) 为衍射场内某点坐标，(m,n,q) 为空间某物点坐标。因此，给定采样间距的物体衍射场可表示为

$$E_{k,j} = E(k\Delta x, l\Delta y)$$

$$= \sum_{q=1}^{N_z}\sum_{n=1}^{N_y}\sum_{m=1}^{N_x} o(m\Delta x, n\Delta y, q\Delta z) * h_{q\Delta z}(k\Delta x - m\Delta x, l\Delta y - n\Delta y)$$

$$= F_{2\mathrm{D}}^{-1}\left\{ \sum_{q}^{N_z} F_{2\mathrm{D}}\left[o(m\Delta x, n\Delta y, q\Delta z)\right] F_{2\mathrm{D}}\left[h_{q\Delta z}(k\Delta x - m\Delta x, l\Delta y - n\Delta y)\right]\right\} \tag{5.39}$$

式中，$F_{2\mathrm{D}}$ 为二维傅里叶变换；$F_{2\mathrm{D}}^{-1}$ 为二维傅里叶逆变换。

由式(5.39)可知，对于无放大同轴全息图和离轴全息图，其去除直流项之后的全息图频谱信息分别由式(5.40)和式(5.41)表达，即

$$F_{I_{\mathrm{in}}} = 2F_{2\mathrm{D}}\left\{ \mathrm{Re}\left[E(k\Delta x, l\Delta y)\right]\right\} + N(k,l)$$

$$= 2F_{2\mathrm{D}}\left\{ \mathrm{Re}\left\{ F_{2\mathrm{D}}^{-1}\left\{ \sum_{q}^{N_z} F_{2\mathrm{D}}\left[o(m\Delta x, n\Delta y, q\Delta z)\right] F_{2\mathrm{D}}\left[h_{q\Delta z}(k\Delta x - m\Delta x, l\Delta y - n\Delta y)\right]\right\}\right\}\right\}$$

$$+ N(k,l) \tag{5.40}$$

$$F_{I_{\mathrm{off}}}(k,l) = F_{2\mathrm{D}}\left\{ \mathrm{Re}\left[E(k\Delta x, l\Delta y)\right]\right\}$$

$$= \sum_{q}^{N_z} F_{2\mathrm{D}}\left[o(m\Delta x, n\Delta y, q\Delta z)\right] F_{2\mathrm{D}}[h_{q\Delta z}(k\Delta x - m\Delta x, l\Delta y - n\Delta y)] \tag{5.41}$$

式中，$F_{I_{\mathrm{in}}}$ 为去除直流项之后的无放大同轴全息图频谱信息；$N(k,l)$ 为系统误差 e 带来的频谱噪声；$F_{I_{\mathrm{off}}}$ 为去除直流项之后的无放大离轴全息图频谱信息。

根据全息图频域信息分布密度从中心位置向边缘逐渐衰减的特点，可以在全息图频域进行减采样或者压缩处理。可以采用 5.13 节介绍的三种频域变密度减采样模式在原点附近采集大部分数据、在边缘采集少量数据来实现，这里采用指数分布变密度减采样模式。指数分布变密度减采样模式生成的二值图像如图 5.17 所示(采样率为 25%)，图中白色表示频域内被采集数据的点，黑色为频域内未被采集数据的点。

图 5.17　指数分布变密度减采样模式生成的二值图像

采用上述减采样模式对全息图频域进行处理后，其全息图频谱可以表示为

$$\hat{F}_I = M \cdot F_I \tag{5.42}$$

式中，F_I 和 $\hat{F}_I$ 分别为减采样之前的无放大全息图频谱和减采样之后的无放大全息图频谱；M 为变密度减采样模式生成的二值矩阵。

为了适应压缩传感重建方程，将目标空间三维矩阵和全息图转化为一维向量，定义 $y_{(k-1)N_x-l}$ 为 $F_I(k,l)$，定义 $x_{(q-1)N_xN_y+(m-1)N_x+n}$ 为 $o(m,n,q)$。因此，式(5.40)和式(5.41)可简化为

$$y = H_1 x \tag{5.43}$$

式中，对于无放大同轴全息图，$H_1 = 2B\,\mathrm{Re}(T_{2D}QB)$；对于无放大离轴全息图，

$H_1 = QB$，B、Q 均为对角矩阵，$B = \begin{bmatrix} F_{2D} & \cdots & 0 \\ \vdots & & \vdots \\ 0 & \cdots & F_{2D} \end{bmatrix}$，$Q = \begin{bmatrix} P_1 & \cdots & 0 \\ \vdots & & \vdots \\ 0 & \cdots & P_{N_z} \end{bmatrix}$，大小为

$(N_x \times N_y \times N_z) \times (N_x \times N_y \times N_z)$，$F_{2D}$ 为 $(N_x \times N_y) \times (N_x \times N_y)$ 的二维离散傅里叶变换，$P_q(q=1,2,\cdots,N_z)$ 为点扩展函数在平面 q-Δz 的离散傅里叶变换；T_{2D} 为二维傅里叶逆变换矩阵。

根据前面对压缩全息关键因素的分析，在无放大全息图的压缩传感重建过程中，采用典范基作为稀疏表达基，利用压缩传感实现频域减采样全息图的层析重建。式(5.43)中变量 x 的求解，也就是 x 的压缩传感重建，其相当于线性方程的逆反问题，可以通过最小全变差约束的两步迭代法来实现物体的层析重建，即

$$f(x) = \frac{1}{2}\|y - H_1 x\|_2^2 + \lambda \sigma(x) \tag{5.44}$$

式中，$\sigma(x)$ 为通过总变量函数定义的正则函数，表达式为

$$\sigma(x)=\|x\|_{\mathrm{TV}}$$
$$=\sum_{q=1}^{N_z}\sum_{n=1}^{N_y}\sum_{m=1}^{N_x}\sqrt{(x_{i+1,j,k}-x_{i,j,k})^2+(x_{i,j+1,k}-x_{i,j,k})^2+(x_{i,j,k+1}-x_{i,j,k})^2} \tag{5.45}$$

式(5.44)的求解就是从测量值 y(采用 $\hat{F}_I$ 作为输入值)中获得估计值 $\hat{x}$。$\hat{x}$ 可定义为式中所示目标函数最小值的解。

5.2.3　基于压缩传感的无放大同轴全息层析重建实验

根据对基于压缩传感的无放大同轴全息记录系统及重建方法的分析，本节模拟分析反衍射重建(即传统数字全息图重建算法)和最小全变差约束的压缩传感重建的质量，验证压缩传感全息重建方法的可行性，同时分别分析采样率、信噪比和轴向间距对重建质量的影响，并开展了相应的实验分析工作。

1. 模拟分析

首先根据同轴全息记录过程中的物光波传播理论模拟实现多层切平面的全息图，然后通过指数分布变密度减采样模式获得少量全息图频域数据，最后分别采用反衍射法和最小全变差约束的压缩传感法实现物体的层析重建。

模拟实验中，采用的无放大同轴全息记录系统如图 5.15 所示。被测物体由三层切平面构成，每层切平面尺寸为 384 像素×256 像素，第一、二和三层分别是由 5 像素×7 像素的线条勾画成的扑克牌方块 K、桃花 Q 和梅花 J，如图 5.18 所示。第一层切平面距离全息记录平面为 $z=20\mathrm{mm}$，层与层之间的间距为 Δz；记录光波波长为 632.8nm，全息图尺寸为 384 像素×256 像素，像素尺寸为 4.65μm。

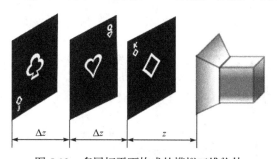

图 5.18　多层切平面构成的模拟三维物体

设定层与层之间的间距 $\Delta z=20\mathrm{mm}$，模拟生成的多层切面的无放大同轴全息图如图 5.19 所示。为了实现全息图的压缩传感重建，采用指数分布变密度减采样

模式对全息图频域进行压缩采样，频域压缩之后的全息图频谱如图 5.20 所示。

图 5.19　间距为 20mm 的多层切平面全息图　　　图 5.20　采样率为 25%的全息图频谱图

对减采样后的全息图分别采用反衍射法和最小全变差约束的压缩传感法进行重建，重建结果如图 5.21 所示。图 5.21(a) 为反衍射重建结果，图 5.21(b)为最小全变差约束的压缩传感重建结果。比较可知，反衍射法和压缩传感法都能够实现物体的层析重建，但是反衍射重建结果很模糊且含有许多的离焦像，而压缩传感重建能够消除离焦像的影响，获得较清晰的聚焦平面图像。该模拟验证了基于压缩传感的无放大同轴全息层析重建方法对于多层切平面物体重建的可行性。

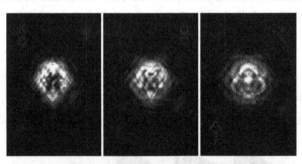

(a) 间距为20mm的多层切平面全息图反衍射重建

(b) 间距为20mm的多层切平面全息图压缩传感重建

图 5.21　多层切平面同轴全息层析重建结果

式(5.28)定义的均方误差评估准则虽然算法简单，也能较好地度量重建图像的随机误差，但不能反映图像的纹理、边缘等信息[54]。为此，后续将采用质量指标 $\text{Im}Q$ 来评定[55]图像重建质量，即

$$\text{Im}Q = \frac{4\sigma_{\phi\omega}\overline{\phi}\,\overline{\omega}}{(\sigma_\phi^2 + \sigma_\omega^2)\left[(\overline{\phi})^2 + (\overline{\omega})^2\right]} \qquad (5.46)$$

式中，ω 为重建物体的幅值；$\overline{\phi}$ 为原始物体幅值的均值，$\overline{\omega}$ 为重建物体幅值的均值；σ_ϕ^2 表示原始物体幅值的方差；σ_ω^2 表示重建物体幅值的方差；$\sigma_{\phi\omega}$ 表示原始物体与重建物体之间的互相关程度。

$\text{Im}Q$ 的变化范围为[-1, 1]，当 $\phi_{i,j} = \omega_{i,j}$ 时，$\text{Im}Q=1$，表示重建图像与原始图像完全一致；当 $\phi_{i,j} = 2\overline{\omega} - \omega_{i,j}$ 时，$\text{Im}Q=-1$，表示重建图像与原始图像完全不相关。在实际应用中，$\text{Im}Q$ 一般不会小于 0，因为有些情况下的图像质量已经差到人眼几乎无法分辨的程度，再对图像进行评估已经毫无意义。

根据式(5.46)计算获得无放大同轴全息图的重建质量指标：反衍射法为 $\text{Im}Q_{\text{方块K}} = 0.058$、$\text{Im}Q_{\text{桃花Q}} = 0.041$、$\text{Im}Q_{\text{梅花J}} = 0.058$，压缩传感法为 $\text{Im}Q_{\text{方块K}} = 0.739$、$\text{Im}Q_{\text{桃花Q}} = 0.693$、$\text{Im}Q_{\text{梅花J}} = 0.805$。由此可知，压缩传感法获得的重建质量指标更大，重建图像更接近于原始图像。

1) 采样率对重建质量的影响

实验数据和参数与上述相同，只改变全息图频域采样时的采样率，依然采用指数分布变密度减采样模式，采样率在 0 和 1 之间等分为 10 组。对全息图频域进行减采样，同样分别采用反衍射法和压缩传感法获得其重建结果。表 5.1 给出了不同采样率时物体反衍射和压缩传感重建的质量指标。

表 5.1　不同采样率时的物体重建质量指标 $\text{Im}Q$

采样率/%	反衍射法			压缩传感法		
	方块 K	桃花 Q	梅花 J	方块 K	桃花 Q	梅花 J
20	0.058	0.041	0.058	0.686	0.656	0.775
40	0.057	0.041	0.058	0.812	0.752	0.875
60	0.056	0.041	0.058	0.850	0.788	0.908
80	0.056	0.041	0.058	0.879	0.813	0.933
100	0.056	0.041	0.057	0.926	0.860	0.965

由表 5.1 可知：①采用相同采样率减采样时，反衍射重建比压缩传感重建的

质量指标都要小很多，验证了压缩传感重建相比于反衍射重建的优越性；②采用不同采样率减采样时，随着采样率的增大，压缩传感重建质量指标逐渐增大，且质量指标都较高；而反衍射重建质量指标没有明显的变化，且质量指标处于较低的状态；③采用相同采样率减采样时，不同层切平面的重建质量各不相同，这主要是受到不同层切平面图案特征尺寸各不相同以及与记录平面距离远近的影响；④当采样率达到 20%以上时，三层扑克牌的压缩传感重建质量指标 $\text{Im}Q$ 都大于 0.65，可以获得较好的重建效果。

2) 信噪比对重建质量的影响

实验条件、被测物体和实验参数与上述相同，改变记录全息图的背景噪声。在记录全息图中添加不同信噪比的高斯噪声，为

$$I_{\text{NH}}(x,y) = I_{\text{H}}(x,y) + n(x,y) \tag{5.47}$$

式中，$I_{\text{NH}}(x,y)$ 为加噪全息图强度值；$I_{\text{H}}(x,y)$ 为原全息图强度值；$n(x,y) \sim N(0,1)$ 为所添加的高斯噪声。

实验中所添加的噪声，其信噪比以 5dB 的增幅在 5dB 和 100dB 之间变化，共获得 20 组具有不同信噪比的全息数据。采用指数分布变密度采样模式(采样率为 25%)对全息图频谱进行减采样，分别用反衍射法和压缩传感法重建三维物体，获得其重建质量指标。表 5.2 给出了采样率为 25%、不同信噪比时的物体重建质量指标 $\text{Im}Q$。

表 5.2　采样率为 25%、不同信噪比时的物体重建质量指标 $\text{Im}Q$

信噪比/dB	反衍射法			压缩传感法		
	方块 K	桃花 Q	梅花 J	方块 K	桃花 Q	梅花 J
15	0.057	0.041	0.058	0.652	0.620	0.725
35	0.058	0.041	0.058	0.698	0.665	0.777
55	0.058	0.041	0.058	0.699	0.665	0.778
75	0.058	0.041	0.058	0.699	0.665	0.778

由表 5.2 可知，反衍射法对加有噪声的全息图，重建质量较差；而压缩传感法对带噪声的全息图重建具有很好的降噪作用，在较低信噪比(如 15dB)时就可以达到较高的重建质量。进一步分析三维物体重建质量和信噪比在整个范围内的变化趋势，可知：①当信噪比较低时，压缩传感重建质量指标随着信噪比的增大迅速提高；②当信噪比提高到一定值，处于 15dB 与 30dB 之间时，重建质量处于短暂的缓慢提高阶段；③当信噪比大于 30dB 时，重建质量处于高质量的平稳状态。

3) 轴向间距对重建质量的影响

不改变模拟条件，首先改变切平面之间的轴向距离，以步长 1nm 的增幅在 1mm 到 20mm 变化，获得 20 组不同轴向间距样本的全息图；然后对 20 组全息图添加信噪比为 30dB 的高斯噪声，同样采用指数分布变密度减采样模式(采样率为 25%)对全息图频谱进行减采样；最后分别采用反衍射法和压缩传感法重建三维物体，分析切平面间轴向间距对其重建质量的影响。表 5.3 给出了相同采样率、信噪比，轴向间距分别为 4mm、8mm、12mm、16mm、20mm 时物体所对应的五组重建质量指标 ImQ。

表 5.3　相同采样率、信噪比而不同轴向间距时物体的重建质量指标 ImQ

轴向间距/mm	反衍射法			压缩传感法		
	方块 K	桃花 Q	梅花 J	方块 K	桃花 Q	梅花 J
4	0.056	0.041	0.071	0.404	0.353	0.514
8	0.058	0.041	0.067	0.443	0.391	0.541
12	0.058	0.039	0.065	0.449	0.403	0.557
16	0.057	0.039	0.063	0.540	0.507	0.673
20	0.058	0.041	0.058	0.699	0.662	0.765

由表 5.3 纵向对比可以说明，压缩传感法比反衍射法具有更好的重建质量；由表横向对比可知，随着轴向间距的增大，压缩传感重建质量不断提高。

2. 实验分析

无放大同轴全息记录系统如图 5.22 所示。其中，氦氖激光器发出的激光波长为 632.8nm，CCD 面径尺寸为 1280 像素×960 像素，像素尺寸 $\Delta x = \Delta y = 4.65\mu m$，实验样本为直径约为 80μm 的两根头发丝，与 CCD 记录平面分别相距 40mm、80mm 左右。

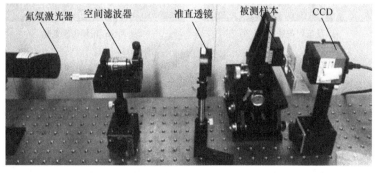

图 5.22　无放大同轴全息记录系统

1) 同轴全息层析重建实验

首先采用无放大同轴全息层析记录系统记录其同轴全息图，将全息图截取为512 像素×512 像素大小，如图 5.23 所示。然后采用指数分布变密度减采样模式实现频域少量信息的提取(采样率为 25%)，并从频域中消除直流项，频域处理之后的全息图如图 5.24 所示。最后对处理过的全息图采用压缩传感法实现两头发丝的层析重建。

图 5.23　两间距 40mm 头发丝的同轴全息图　　图 5.24　频域减采样并消除直流项的全息图

头发丝的同轴全息重建结果如图 5.25 所示，其中 $z_1 = 40\text{mm}$ 为第一个重建平面，$z_2 = 80\text{mm}$ 为第二个重建平面，分别与 CCD 的两个记录平面对应。由重建结果可知，反衍射法和压缩传感法都能完成减采样全息图的重建，实现稀疏数据的恢复，但是压缩传感法能够很好地消除离焦像的影响，且对系统噪声起到很好的消除作用。

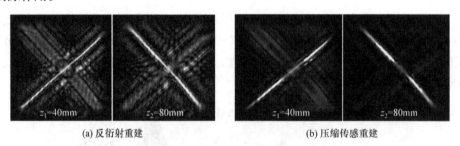

(a) 反衍射重建　　　　　　　　　　　　(b) 压缩传感重建

图 5.25　头发丝同轴全息重建结果

2) 调焦提高重建质量

重建距离选取是否精确，对能否获得清晰的重建图像很重要。确定最佳重建距离实质上是评价图像清晰度的问题，或图像调焦问题。因此，可借鉴图像调焦技术来解决层析重建的精度问题。根据图像处理理论，图像调焦评价函数有灰度评价函数、频域函数、信息学函数和统计学函数等。其中，灰度评价函数运算简单，计算速度快，可以满足一般调焦精度的要求。本节采用灰度评价函数，就是用重建结果各点的光强之和作为调焦评价函数来对清晰度进行评价，光强之和为最大极值点处所对应的记录距离，即重建距离的最佳值。

具体调焦步骤如下：①选择重建距离 d' 并设定调焦精度(即循环递增间隔 $\Delta d'$)。②采用压缩传感法实现无放大同轴全息图的重建。③针对物体重建结果，计算各点光强之和，即重建结果的调焦函数值。④如果调焦函数值为某一范围内计算结果的最大极值点，那么 d' 为所需的重建距离；如果不是最大极值点，则采用 $d' = d' + \Delta d$ 更新重建距离，并跳转至步骤②循环计算。

根据上述调焦步骤对头发丝单幅全息图进行最佳重建距离精确确定实验。图 5.26 为重建距离与归一化强度值的关系。

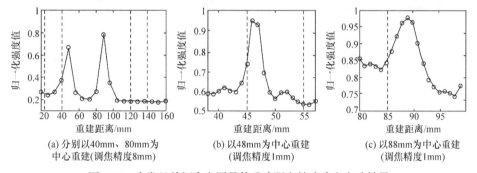

(a) 分别以40mm、80mm为　　(b) 以48mm为中心重建　　(c) 以88mm为中心重建
中心重建(调焦精度8mm)　　　(调焦精度1mm)　　　　　(调焦精度1mm)

图 5.26　头发丝单幅全息图最佳重建距离精确确定实验结果

根据实测系统的设置情况，先假定重建距离分别为 40mm、80mm 左右。首先以 40mm、80mm 作为调焦中心，使用较低的调焦精度进行粗调，调焦精度为 8mm，如图 5.26(a) 所示，根据出现最大极值和次大极值点的位置初步确定两头发丝的重建距离分别为 48mm 和 88mm；然后以所求得的值 48mm 和 88mm 作为调焦中心，提高调焦精度到 1mm，如图 5.26(b) 和(c)所示，得到的重建距离分别为 46mm 和 89mm。

图 5.27 为根据图 5.26 确定的最佳重建距离的重建结果。图 5.27(a)和(b)表明当层析重建距离偏离较大时(±8mm 以外)，所得的层析重建图像不理想，存在较多的串扰。若要进行高精度的层析重建，则需要提高调焦精度，确定更加精确的重建距离来实现物体的层析重建。图 5.27(e)和(f)表明精度为 1mm 的层析重建结果的串扰减少，且层析重建结果图中的归一化强度值最大。因此，层析重建距离的精确确定是获得较好重建图像质量的前提条件。

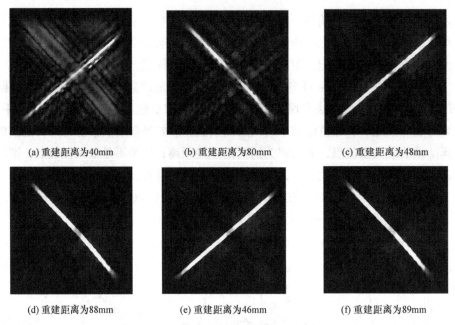

　　(a) 重建距离为40mm　　　　　(b) 重建距离为80mm　　　　　(c) 重建距离为48mm

　　(d) 重建距离为88mm　　　　　(e) 重建距离为46mm　　　　　(f) 重建距离为89mm

图 5.27　头发丝不同重建距离的重建结果

5.2.4　基于压缩传感的无放大离轴全息层析重建实验

　　根据 5.2.1 节所介绍的基于压缩传感的无放大离轴全息记录系统及重建方法，本节首先利用物体无放大离轴全息记录过程中的物光波传播理论，生成多层沿光轴方向非重叠和重叠切平面的离轴全息图；然后提取+1 级频谱至频域中心，全息图频域其他位置为零。离轴全息图的频域滤波不仅能够消除共轭像和零级像的影响，而且能够实现全息图的频域压缩，因此，重建实验中无须再进行指数分布变密度减采样。

　　1. 模拟分析

　　模拟实验采用的无放大离轴全息记录系统如图 5.16 所示，激光器光源波长为 632.8nm，全息图尺寸为 128 像素×128 像素，像素尺寸为 4.65μm。被测物体为两类三维模拟数据：①数据一，由双非重叠切平面构成，分别带有三角形和正方形图案；②数据二，由双重叠切平面构成，分别带有钩形和正方形图案。两个数据上的图案由 2 像素×3 像素的线条勾画而成，双平面尺寸均为 128 像素×128 像素，其中第一层切平面距离全息记录平面为 $z=100$mm，层与层之间的距离为 Δz，如图 5.28 所示。

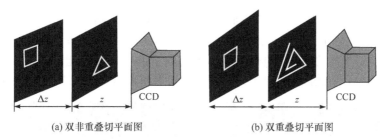

　(a) 双非重叠切平面图　　　　　　　　　　(b) 双重叠切平面图

图 5.28　双切平面构成的三维模拟物体

1) 离轴全息层析重建

实验过程中，设定层与层之间的间距 $\Delta z = 10\text{mm}$。图 5.28 所对应的两种被测物体的无放大离轴全息图如图 5.29 所示。图 5.29(a)和(b)分别为三角形和正方形双非重叠切平面以及钩形和正方形双重叠切平面所对应的无放大离轴全息图，其重建结果如图 5.30 和图 5.31 所示。

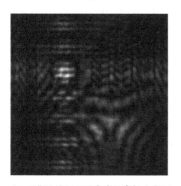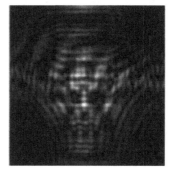

　(a) 双非重叠切平面生成的离轴全息图　　　　　(b) 双重叠切平面生成的离轴全息图

图 5.29　双切平面的离轴全息图

图 5.30(a)和(b)分别为三角形和正方形双非重叠切平面基于反衍射法和压缩传感法的重建结果。离轴全息图的反衍射重建通过频域减采样去除了零级像和共轭像，能够重建出较清晰的物体轮廓，而压缩传感重建能够有效地去除反衍射重建结果中残余的离焦噪声，相比较而言具有更好的重建效果。

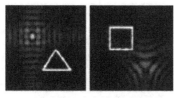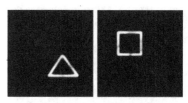

　(a) 双非重叠切平面反衍射重建结果　　　　　(b) 双非重叠切平面压缩传感重建结果

图 5.30　三角形和正方形双非重叠切平面离轴全息图重建结果

图 5.31(a)和(b)为钩形和正方形双重叠切平面基于反衍射法和压缩传感法的重建结果,可见离轴全息图的反衍射重建因频域减采样法去除零级像和共轭像而能够实现双重叠切平面的重建,但存在部分离焦像;压缩传感重建能够进一步消除反衍射重建过程中残留的离焦像,实现多层重叠切平面离轴全息图的更为精确的重建。

(a) 双重叠切平面反衍射重建结果　　　　　　　　(b) 双重叠切平面压缩传感重建结果

图 5.31　钩形和正方形双重叠切平面离轴全息图重建结果

2) 轴向间距对重建质量的影响

模拟参数及三维模拟数据同上,但改变多层切平面轴向间距,轴向间距以步长 0.1mm 的增幅在 0.1mm 到 2mm 等间隔变化,据此获得 20 组不同轴向间距的三维样本。

根据上述实验条件和实验数据,首先分别模拟获得 20 组不同轴向间距样本的离轴全息图;然后对这 20 组离轴全息图采用+1 级像频谱提取法,实现零级频谱和-1 级频谱的剔除,同时实现全息图的频域减采样;最后分别采用反衍射法和压缩传感法实现三维物体的层析重建,并分析切平面间不同轴向间距对重建质量的影响。图 5.32 给出了切平面轴向间距在 $\Delta z = 0.1\text{mm}$ 和 $\Delta z = 1\text{mm}$ 时的三维物体层析重建结果。

(a) 反衍射重建(Δz=0.1mm)　　　　　　　　(b) 压缩传感重建(Δz=0.1mm)

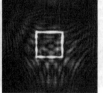

(c) 反衍射重建(Δz=1mm)　　　　　　　　(d) 压缩传感重建(Δz=1mm)

图 5.32　不同轴向间距切平面构成的三维物体的离轴全息图层析重建结果

由图 5.32 可知,反衍射重建同样因频域减采样已经剔除了零级频谱和-1 级频谱而能够实现不同轴向间距切平面的较清晰重建,轴向距离相同时压缩传感重建图像比反衍射重建图像更清晰,且轴向距离 1mm 的压缩传感重建质量比 0.1mm 的压缩传感重建质量要好。

2. 实验分析

实验用的无放大离轴全息记录系统如图 5.33 所示。氦氖激光器光源波长为 632.8nm,CCD 面径尺寸为 1280 像素×960 像素,像素尺寸为 4.65μm。选择两根金属丝作为实验样本,两金属丝直径均约为 95μm,并分别绕成不同形状,全息图记录距离为 z_1 和 z_2。

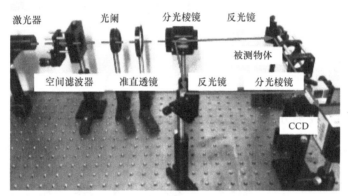

图 5.33　无放大离轴全息记录系统

1) 离轴全息层析重建实验

实验过程中两被测金属丝分别距离 CCD 感光面 147mm、203mm。两金属丝离轴全息图及提取+1 级频谱之后的减采样全息图如图 5.34(a)和(b)所示。

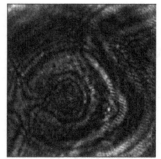

(a) 原始离轴全息图　　　　　　　　(b) 减采样后的全息图

图 5.34　两金属丝构成两平面的离轴全息图

频域处理之后的全息图层析重建结果如图 5.35 所示。图 5.35(a)和(b)分别为反衍射法和压缩传感法对不同平面上金属丝的重建结果，可见反衍射法能够重建出这两物体的大致轮廓，但是重建结果受到许多背景噪声和离焦像的影响；而压缩传感法对离轴全息层析重建具有更好的效果，两个平面上金属丝的形状都明显地被表征出来，相应的背景噪声和离焦像得到了有效的拟制。这些结论与模拟验证实验也是一致的。

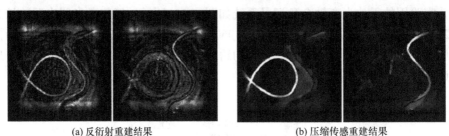

(a) 反衍射重建结果   (b) 压缩传感重建结果

图 5.35 金属丝离轴全息图的重建结果

2) 调焦提高重建质量

根据调焦过程对金属丝单幅离轴全息图进行最佳重建距离精确重建实验，确定两金属丝重建距离分别为 141mm 和 195mm。图 5.36 为不同重建距离时的重建

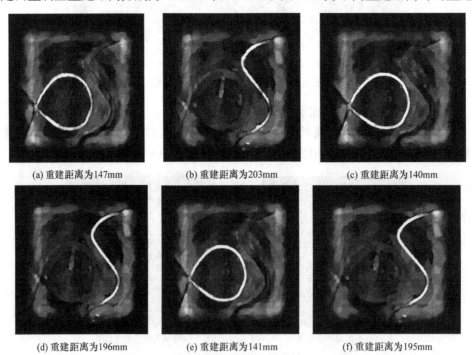

(a) 重建距离为147mm (b) 重建距离为203mm (c) 重建距离为140mm

(d) 重建距离为196mm (e) 重建距离为141mm (f) 重建距离为195mm

图 5.36 两平面上金属丝不同重建距离的重建结果

结果。图 5.36(a)和(b)显示当层析重建距离偏离较大时(小于−7mm，大于 7mm)，所得的层析重建图像部分特征信息不是最清晰。图 5.36(e)和(f)为精度是 1mm 的层析重建结果，可见图中特征信息强度值得到了提高，且层析重建结果中归一化强度值最大。因此，若需要进行更为精确的层析重建，同样需要确定更加精确的重建距离。

5.2.5　轴向分辨率的分析

本节主要分析物体层析重建时横向分辨率和轴向分辨率的影响因素。为了分析基于压缩传感的无放大全息层析重建的分辨能力，采用波动传播方式，全息记录系统中物体傅里叶变换域波动传播示意图如图 5.37 所示[52]，θ_u 为物体到全息记录平面半视场的水平张角。

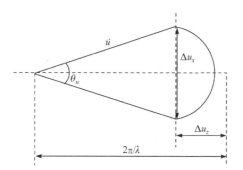

图 5.37　全息记录系统中物体傅里叶变换域波动传播示意图

根据全息记录系统的波动传播示意图，可得

$$\sin\theta_u = \frac{\Delta u_x}{|u|} \tag{5.48}$$

$$\Delta u_z = u_{z\max} - u_{z\min} = |u|(1-\cos\theta_u) \tag{5.49}$$

在小角度近似的情况下，系统数字孔径 $\mathrm{NA} \approx \theta_u$，$|u| = 1/\lambda$，根据空间分辨率与频域分辨率成反比的关系[55]，横向分辨率 Δx、纵向分辨率 Δz 分别为

$$\Delta x = \frac{1}{\Delta u_x} = \frac{1}{|u|\theta_u} = \frac{\lambda}{\mathrm{NA}} \tag{5.50}$$

$$\Delta z = \frac{1}{\Delta u_z} = \frac{1}{|u|\theta_u^2} = \frac{\lambda}{\mathrm{NA}^2} \tag{5.51}$$

由式(5.50)和式(5.51)可知，全息记录装置压缩传感重建时的横向分辨率 Δx 和轴向分辨率 Δz 由照明光波长和系统数字孔径决定。同轴全息系统中的 NA 为

$$n\sin\theta_u = \frac{w_x}{2z} = \frac{\lambda}{2\Delta x_0} \tag{5.52}$$

式中，n 为空气折射率；z 为被测物体与记录平面之间的距离；Δx_0 为投影物体的空间分辨率；w_x 为横向尺寸大小为 Δx_0 的物体在记录平面内所占区域沿 x 方向的尺寸。

在入瞳角度 θ_u 很小且在空中传播（$n \approx 1$）时，有 $\mathrm{NA} \approx \theta_u$。因此，将式(5.52)代入式(5.50)和式(5.51)可得

$$\Delta x \approx 2\Delta x_0 \tag{5.53}$$

$$\Delta z \approx 4\Delta x_0^2 / \lambda \tag{5.54}$$

以上分别给出了两类横纵分辨率的度量标准：第一类，采用与系统记录距离 z 相关的系统数值孔径 NA 定义；第二类，采用物体特征尺寸 Δx_0 的相关函数评定。本书内容中无放大全息图的重建适用第二类度量标准，即轴向分辨率主要取决于物体的特征尺寸。

对于无放大同轴压缩全息重建方法，设激光波长为 632.8nm，模拟样本由 5～7 像素宽的线条构成，根据式(5.54)可得轴向分辨率为 3.5～39mm；实验样本头发丝的直径约为 80μm，轴向分辨率约为 40mm。因此，该方法基本能够实现间距为 44mm 的两头发丝以及间距为 20mm 的多层切平面的层析重建。

对于无放大离轴压缩全息重建方法，激光波长为 632.8mm，模拟样本由 2～3 像素宽的线条构成，根据式(5.54)可得轴向分辨率为 0.5～2.2mm；实验样本金属丝的直径约为 95μm，轴向分辨率约为 57mm。同样，该方法基本能实现间距为 56mm 的两金属丝以及间距为 0.5mm 的多层切平面的层析重建。

综上可知，物体特征尺寸确实是影响轴向分辨率的主要因素。上述模拟分析表明：①基于压缩传感的无放大同轴全息层析重建技术能够从单幅同轴全息图少量频域数据中实现物体的层析重建。该方法不仅测量装置简单，而且能够保持同轴全息图较高的空间带宽积。②基于压缩传感的无放大离轴全息层析重建技术能够从单幅离轴全息图少量频域数据中实现物体的层析重建，在重建过程中消除零级像和共轭像影响的同时，进一步消除离焦像的影响而实现比传统重建方法更好的重建效果。③基于压缩传感的无放大全息层析重建技术随着多层切平面轴向间距的增大，重建质量不断提高，其实现精确重建时的轴向分辨率与被测物体的特征尺寸有关。该方法虽然具有上述优点，但是轴向分辨率不够高，因此需要进一步研究。

5.3　基于压缩传感的 4F 放大同轴全息层析重建

　　4F 放大系统是由两个沿光轴平行放置的透镜构成的,其中后一个透镜的前焦点和前一个透镜的后焦点重合,通过调节前后两个透镜焦距的比例来实现放大功能。针对基于压缩传感的无放大同轴全息层析重建轴向分辨率不足的问题,本节提出基于压缩传感的 4F 放大同轴全息层析重建方法:①建立 4F 放大系统中物平面与像平面之间的关系,分析物平面与像平面之间的横向、轴向放大率;②建立基于压缩传感的 4F 放大同轴全息记录系统和重建方法,根据 4F 放大系统中物平面与像平面之间的关系获得物平面信息;③模拟验证该方法的可行性,分析信噪比和轴向间距对基于压缩传感的 4F 放大同轴全息层析重建质量的影响;④开展双非重叠和重叠物体的压缩传感层析重建工作,通过测试实验进一步验证该方法的有效性;⑤理论分析基于压缩传感的 4F 放大同轴全息层析重建的轴向分辨率。

5.3.1　基于压缩传感的 4F 放大同轴全息层析重建方法

　　本节首先分析 4F 放大系统,根据二维物平面与像平面之间的关系,理论推导三维物平面信息与像平面信息之间的数学关系;然后建立基于压缩传感的 4F 放大同轴全息记录系统,并采用指数分布变密度减采样模式实现 4F 放大同轴全息图的频域数据的少量提取;最后实现基于压缩传感的 4F 放大同轴全息层析重建。

　　1. 4F 放大系统物平面与像平面之间的关系

　　由两个透镜构成 4F 放大系统,两个透镜的焦距分别为 f_1 和 f_2,透镜的间距为 $d = f_1 + f_2$。被测三维物体安置在透镜 L_1 的前焦平面处,同时在透镜 L_2 的后焦平面上可观测到三维物体的倒立像,如图 5.38 所示。

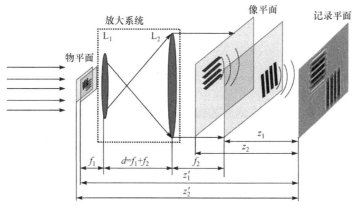

图 5.38　4F 放大系统物像之间的关系

1) 二维物平面与像平面之间的关系

假定 $O(x'',y'')$ 和 $\text{Img}(x',y')$ 分别表示透镜 L_1 前焦面处物和透镜 L_2 后焦面处像的复波场分布情况。

根据傍轴近似理论，透镜 L_1 后焦面上的波场 $U_{f_1}(u,v)$ 为[56]

$$U_{f_1}(u,v) = \frac{1}{\mathrm{i}\lambda f_1} F_{x',y'}\left[O(x'',yx'')\right]\left(\frac{u}{\lambda f_1},\frac{v}{\lambda f_2}\right) = \frac{1}{\mathrm{i}\lambda f_1}O\left(\frac{u}{\lambda f_1},\frac{v}{\lambda f_2}\right) \quad (5.55)$$

式中，(x'',y'') 为物平面坐标；(u,v) 为透镜 L_1 的后焦面频域坐标；$F_{x',y'}$ 为二维傅里叶变换。

根据式(5.55)，可以获得 4F 放大系统像平面光场的分布情况，即

$$\text{Img}(x',y') = \frac{1}{\mathrm{i}\lambda f_2} F_{u,v}\left[U_{f_1}(u,v)\right]\left(\frac{x'}{\lambda f_2},\frac{y'}{\lambda f_2}\right) \quad (5.56)$$

式中，(x',y') 为空间像平面坐标系。

将式(5.55)代入式(5.56)，化简处理后，可以得到像平面与物平面之间的波场关系：

$$\text{Img}(x',y') = -O\left(-\frac{f_2}{f_1}x'',-\frac{f_2}{f_1}y''\right) \quad (5.57)$$

可见式(5.57)建立了 4F 放大光学系统中的输入输出模型，将二维物平面和像平面波场分布 $O(x'',y'')$ 和 $\text{Img}(x',y')$ 联系起来。

2) 三维物平面与像平面之间的关系

假设如图 5.45 所示的 4F 放大系统，物体的横向放大率和轴向放大率分别为 $\beta_{x,y}$ 和 β_z。根据几何光学成像原理[57]，物平面与对应像平面之间的横向和轴向放大率关系确定为

$$\beta_{x,y} = -\frac{f_2}{f_1} \quad (5.58)$$

$$\beta_z = \beta_{x,y}^2 = \left(\frac{f_2}{f_1}\right)^2 \quad (5.59)$$

式(5.58)中，负号表示成倒立的像。由式(5.58)和(5.59)可知，4F 放大系统的横向放大率和轴向放大率都不受物体所处位置的影响。横向放大率与物体所处横截面坐标无关，同样轴向放大率与物体所处轴向坐标无关，它们仅与 4F 放大系统两透镜焦距的比值相关。当 $f_2 > f_1$ 时，位于物平面上的正方体经 4F 放大系统成像后转变为像平面上的长方体，如图 5.39 所示。

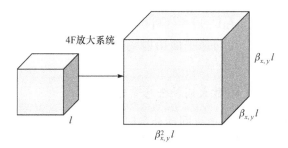

图 5.39　边长为 l 的正方体经 4F 放大系统放大成像

根据 4F 放大系统横向放大率和轴向放大率的计算公式，可以由二维物平面与像平面波场之间的关系建立三维物平面与像平面之间的波场关系，其可定义为

$$\text{Img}(x',y',z') = -O\left(\beta_{x,y}x'', \beta_{x,y}y'', \beta_z z''\right) \tag{5.60}$$

式中，(x'',y'',z'') 和 (x',y',z') 分别为物和像的三维坐标系。

2. 基于压缩传感的 4F 放大同轴全息记录

4F 放大同轴全息记录系统如图 5.40 所示。

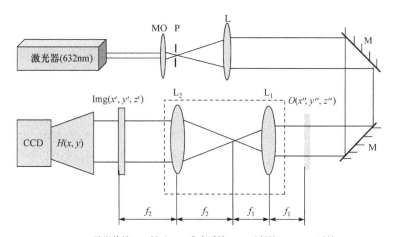

MO-显微物镜；P-针孔；L-准直透镜；M-反射镜；L1, L2-透镜

图 5.40　4F 放大同轴全息记录系统示意图

该系统记录的全息图由像平面衍射场 $E(x,y)$ 与强度值设为 1、相位设为零的平面参考光波 $R(x,y)$ 相干而成。记录的同轴全息强度分布为

$$I_\text{H}(x,y) = |R(x,y) + E(x,y)|^2 = 1 + |E(x,y)|^2 + 2\text{Re}[E(x,y)] \tag{5.61}$$

式中，$I_\text{H}(x,y)$ 是记录平面上全息图的强度分布；$|E(x,y)|^2$ 为像平面衍射场的自相关项，被定义为系统误差 $n(x,y)$。

式(5.61)消除直流项之后，简化为

$$I_{\mathrm{H}}(x,y) = 2\mathrm{Re}\big[E(x,y)\big] + n(x,y) \tag{5.62}$$

表明全息面上的强度分布与像平面衍射场之间的关系为带有系统误差的线性映射关系。

3. 基于压缩传感的 4F 放大同轴全息重建

根据上述分析可知，4F 放大同轴全息记录系统被认为是线性时不变系统。该系统所记录的像平面衍射场可定义为像平面信息与点扩展函数的卷积：

$$
\begin{aligned}
E(x,y) &= \mathrm{Img}(x',y',z') * h(x',y',z') \\
&= F_{x,y}^{-1}\left\{ \sum_{z'} F_{k_x,k_y}\big[\mathrm{Img}(x',y',z') * h(x',y',z')\big] \right\} \\
&= F_{x,y}^{-1}\left\{ \sum_{z'} F_{k_x,k_y}\big[\mathrm{Img}(x',y',z') H(x',y',z')\big] \right\}
\end{aligned}
\tag{5.63}
$$

式中，F_{k_x,k_y} 和 $F_{x,y}^{-1}$ 为二维傅里叶变换和二维傅里叶逆变换；$h(x',y',z')$ 为时域表达；$H(x',y',z')$ 为 $h(x',y',z')$ 的频域表达。

像平面和记录平面的距离较小，因此在考虑像平面散射波传播时采用角谱法。角谱法的点扩展函数被认为是传递函数 $H = \exp\left(\mathrm{i}z'\sqrt{k^2 - k_x^2 - k_y^2}\right)$ 的傅里叶逆变换。

假设 Δx、Δy 分别为全息面 (x,y) 上横、纵方向的采样间隔，且两者相等；同时全息面上横、纵方向的像素量分别为 N_x、N_y，像平面信息 $\mathrm{Img}(x',y',z')$ 的像素量可以划分为 $N_x \times N_y \times N_z$，其像素大小为 $\Delta x' \times \Delta y' \times \Delta z'$。像平面衍射场可离散化为

$$
\begin{aligned}
E(k\Delta x, l\Delta y) &= F_{k,l}^{-1}\left\{ \sum_{q=1}^{N_z} F_{k_x,k_y}\big[\mathrm{Img}(m\Delta x', n\Delta y'; q\Delta z')\big] H(k_x,k_y; q\Delta z') \right\} \\
&= F_{k,l}^{-1}\left\{ \sum_{q=1}^{N_z} F_{k_x,k_y}\big[\mathrm{Img}(m\Delta x', n\Delta y'; q\Delta z')\big] \exp\left(\mathrm{i}zq\Delta z'\sqrt{k^2 - k_x^2 - k_y^2}\right) \right\}
\end{aligned}
\tag{5.64}
$$

根据上述分析可知，去除直流项之后的 4F 放大同轴全息图频谱信息可以描述为

$$
\begin{aligned}
F_{I_{4\mathrm{F}}} &= F_{k_x,k_y}\left\{ 2\mathrm{Re}[E(k\Delta x, l\Delta y)] \right\} + N(k\Delta x, l\Delta y) \\
&= F_{k_x,k_y}\left\{ 2\mathrm{Re}\left\{ F_{k,l}^{-1}\left\{ \sum_{q=1}^{N_z} F_{k_x,k_y}\big[\mathrm{Img}(m\Delta x', n\Delta y'; q\Delta z')\big] \exp\left(\mathrm{i}z'q\Delta z'\sqrt{k^2 - k_{x'}^2 - k_{y'}^2}\right) \right\} \right\} \right\} \\
&\quad + N(k\Delta x, l\Delta y)
\end{aligned}
\tag{5.65}
$$

式中，$F_{I_{4F}}$ 为去除直流项之后的 4F 放大同轴全息图频谱信息；$N(k\Delta x, l\Delta y)$ 为系统误差 $n(x,y)$ 带来的频域噪声。

为了实现 4F 放大同轴全息图的压缩传感重建，需要对相应的全息图频谱进行减采样。同样采用指数分布变密度减采样模式提取 4F 放大同轴全息图的少量频谱，变密度减采样模式生成的二值矩阵用 M 表示。减采样之后，其 4F 放大同轴全息图频谱可以表示为

$$\hat{F}_{I_{4F}} = M \cdot F_{I_{4F}} \tag{5.66}$$

定义 y 为 $F_{I_{4F}}$，x 为 $\text{Img}(m,n,q)$，式(5.65)可简化为

$$y = 2B\,\text{Re}\,T_{2D}Qx \tag{5.67}$$

式中，B、Q、T_{2D} 的定义同式(5.43)。

根据压缩传感理论中测量基与稀疏基的分析，傅里叶和典范基对的非相干性足以保证压缩传感实现全息图的层析重建，因此对于 4F 放大同轴全息图的层析重建问题同样可以采用最小全变差约束的两步迭代法解决，即

$$f(x) = \arg\min_x \frac{1}{2}\|y - 2B\,\text{Re}\,T_{2D}Qx\|_2^2 + \lambda\|x\|_{TV} \tag{5.68}$$

式中，$\|x\|_{TV} = \sum_m \sum_n \sum_q \sqrt{(x_{m+1,n,q}-x_{m,n,q})^2 + (x_{m,n+1,q}-x_{m,n,q})^2 + (x_{m,n,q+1}-x_{m,n,q})^2}$ ；y 取 4F 放大全息图频域减采样之后的少量数据 $\hat{F}_{I_{4F}}$。

已知 4F 放大同轴全息图强度值 I_H，指数分布变密度减采样生成的二值矩阵 M，并设原始信号为 x，迭代时间 $t=2$，迭代终止值 ε，步长 $s=1$。基于压缩传感的 4F 放大同轴全息层析重建流程如下：

(1) 对 4F 放大同轴全息图进行傅里叶变换，频域去除直流项，获得像平面衍射场频谱信息 $F_{I_{4F}}$。

(2) 根据式(5.66)，利用指数分布变密度减采样模式生成的二值矩阵 M，获得像平面衍射场少量频谱信息 $\hat{F}_{I_{4F}}$。

(3) 令 $y = \hat{F}_{I_{4F}}$，并由式(5.67)反向求解 x。

(4) 令 $x_0 = x$，根据式(5.68)计算 x_0 的目标函数 $f(x_0)$。

(5) 降噪处理：采用式(5.19)中的降噪函数更新 $x_1 = \Gamma_\gamma(x_0, s)$，并计算 x_1 的目标函数；比较 $f(x_0)$ 和 $f(x_1)$，如果 $f(x_1) > f(x_0)$，那么采用 $2s$ 重新计算，否则继续下一步。

(6) 更新迭代次数 $t = t+1$。

(7) 根据式(5.19)，由前两估计值 x_{t-1} 和 x_{t-2} 评估 x_t。

(8) 计算 x_t 的目标函数 $f(x_t)$，并比较 $f(x_t)$ 和 $f(x_{t-1})$：如果 $f(x_t) > f(x_{t-1})$，更新 $x_0 = x_{t-1}$ 并返回步骤(5)，否则继续下一步。

(9) 计算终止函数 $C(x_t, x_{t-1}) = |f(x_t) - f(x_{t-1})|/f(x_t)$，并比较 $C(x_t, x_{t-1})$ 和 ε：如果 $C(x_t, x_{t-1}) > \varepsilon$，则更新迭代次数 $t = t+1$ 并返回步骤(7)，否则停止迭代。

(10) 根据停止迭代时对应的 x_t，令 $x = x_t$，反向求解式(5.63)获得物平面信息。

5.3.2　基于压缩传感的 4F 放大同轴全息层析重建实验

1. 模拟分析

模拟实验采用如图 5.40 所示的 4F 放大同轴全息记录系统。氦氖激光器光源波长为 632.8nm，全息图尺寸为 100 像素×100 像素，单个像素尺寸为 $\Delta x = \Delta y = 4.65\mu m$。其中，4F 放大系统中前后两透镜 L_1、L_2 的焦距分别为 $f_1 = 50mm$、$f_2 = 150mm$，被测样本是由两个平面构成的三维物体，大小为 155μm×155μm；前聚焦平面上包含三条垂直线，后聚焦平面包含三条水平线，且所有线宽均为 $\delta_{ld} = 13.95\mu m$；前聚焦平面置于透镜 L_1 的前焦点处，与记录平面的距离为 z_1；后聚焦平面与前聚焦平面之间的距离为 Δz，与记录平面的距离为 z_2。

1) 4F 放大同轴全息重建

验证实验中，设 $z_1 = 413.5mm$，$\Delta z = 1.5mm$。根据几何光学成像原理，模拟过程中像平面横向放大率、轴向放大率分别为 $\beta_{x,y} = -f_2/f_1 = -3$、$\beta_z = \beta_{x,y}^2 = 9$。实验系统中，相应像平面与记录平面之间的距离分别为 z_1 和 z_2，被测物体像平面上的线宽为 δ_{ld}，被测物体像素大小为 $\Delta x' = \Delta y'$。根据 4F 放大系统原理，像平面与接收器之间的距离可由式(5.69)给定，被测物体像平面上的线宽及采集到的被测物体像素大小由式(5.70)给定。根据这些方程，可以分别得到 $z_1 = 13.5mm$，$z_2 = 27mm$，$\delta_{ld} = 41.85\mu m$，$\Delta x' = \Delta y' = 1.55\mu m$。被测物体及其由 4F 放大系统获得的像如图 5.41 所示，可见被测物体像平面矩阵被转置。

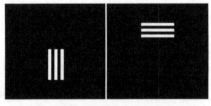 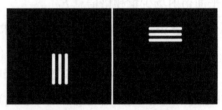

(a) 双切平面构成的三维模拟物体(线宽为13.95μm)　　(b) 三维物体经4F放大后的像(线宽为41.85μm)

图 5.41　模拟物体及物体的像

$$z_1 = z_1' - 2(f_1 + f_2), \quad z_2 = z_1 + \beta_z(z_2' - z_1') \tag{5.69}$$

$$\delta_{\mathrm{ld}} = \left| \beta_{x,y} \right| \delta_{\mathrm{ld}}', \quad \Delta x = \Delta y = \left| \beta_{x,y} \right| \Delta x' = \left| \beta_{x,y} \right| \Delta y' \tag{5.70}$$

　　为比较 4F 放大和无放大同轴全息的压缩传感重建的轴向分辨率，首先分别采集两幅全息图，一幅由无放大同轴全息记录系统(即将图 5.40 中的虚线框去掉)采集，另一幅由 4F 放大同轴全息记录系统采集，然后采用指数分布变密度减采样模式压缩全息图，最后对两幅频域压缩全息图分别采用反衍射法和压缩传感法进行重建，得到四组仿真结果，如图 5.42(a)~(d) 所示，它们分别是反衍射重建无放大同轴全息图、压缩传感重建无放大同轴全息图、反衍射重建 4F 放大同轴全息图和压缩传感重建 4F 放大同轴全息图的层析重建结果。

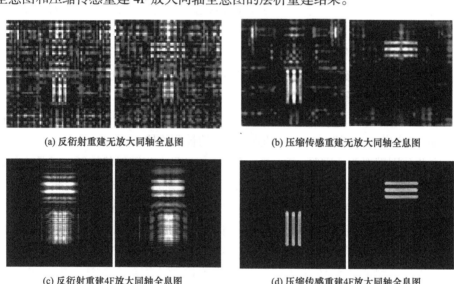

(a) 反衍射重建无放大同轴全息图　　　　　　(b) 压缩传感重建无放大同轴全息图

(c) 反衍射重建4F放大同轴全息图　　　　　　(d) 压缩传感重建4F放大同轴全息图

图 5.42　无放大和 4F 放大同轴全息图的不同方法层析重建结果

　　通过对比分析，可以清楚地看到两聚焦平面可以通过 4F 放大同轴全息图的压缩传感重建技术分离开来，即将 4F 放大系统与压缩全息技术相结合可以克服无放大同轴全息图的压缩传感重建轴向分辨率较低的问题，从而提高轴向分辨能力。这是因为 4F 放大系统拉近了像平面与记录平面之间的距离，增大了系统数值孔径，所以接收到的被测物体信息量更大，从而压缩传感重建结果的质量以及使轴向分辨率得以提高。

　　为了进一步评估重建质量，同样采用式(5.46)所示的图像质量指标来比较重建结果。分别对上述的无放大同轴全息图的反衍射重建、压缩传感重建以及 4F 放大同轴全息图的反衍射重建、压缩传感重建结果进行质量评估，相应的质量指标如表 5.4 所示。

表 5.4　不同全息图基于不同方法的重建结果的质量指标 Im Q

重建方法	物体切平面	无放大同轴全息图	4F 放大同轴全息图
压缩传感法	垂直线	0.312	0.712
	水平线	0.349	0.762
反衍射法	垂直线	0.063	0.093
	水平线	0.063	0.119

由表 5.4 可知，压缩传感重建的质量指标比反衍射重建要高，4F 放大同轴全息图的重建质量指标比无放大同轴全息图的要高。综上可知，压缩传感重建比反衍射重建具有更高的重建质量，对同轴全息记录装置增加 4F 放大系统之后，不仅能实现显微物体的放大重建，还能改善全息图的压缩传感重建质量，提高分辨能力。

2) 轴向间距对重建质量的影响

模拟参数不变，改变被测物体的轴向间距 $\Delta z'$，其以 100μm 的步长从 0.6mm 到 2mm 逐步增加，获得 15 组不同轴向间距的被测物体。

在此分别模拟两类实验：第一类，针对 15 组具有相同形状特征、不同轴向间距的被测物体，将其置于 4F 放大同轴全息记录系统进行测试，并将图 5.40 所示系统中虚线框内的组件移除。被测物体的第一层置于系统透镜 L_1 的前焦点处，因此共获得 15 组不同轴向间距的无放大同轴全息图。第二类，针对上述相同的 15 组被测物体，将其置于测试系统相同的位置，此时不移除图 5.40 所示系统中虚线框内的组件，测试得到 15 组不同轴向间距的 4F 放大同轴全息图。对 15 组两类不同轴向间距的无放大同轴全息图和 4F 放大同轴全息图分别采用指数分布变密度减采样模式进行减采样压缩，再分别采用反衍射法和压缩传感法重建全息图。

图 5.43 为不同轴向间距被测物体的无放大同轴全息图、4F 放大同轴全息图的反衍射重建和压缩传感重建结果。图 5.43(a)~(d) 为无放大同轴全息图的重建结果，可见无放大同轴全息图的压缩传感重建结果比反衍射重建结果要清晰些，但重建效果均不好，而且增大轴向间距时，其质量也没有明显的提高。图 5.43(e)~(h) 为添加 4F 放大系统时所获得的 4F 放大同轴全息图的重建结果，可见 4F 放大同轴全息图的压缩传感重建结果比反衍射重建结果要清晰很多，能够很好地分辨出不同聚焦平面的特征信息，而且在改变轴向间距时，其重建结果也能得到一定的改善。

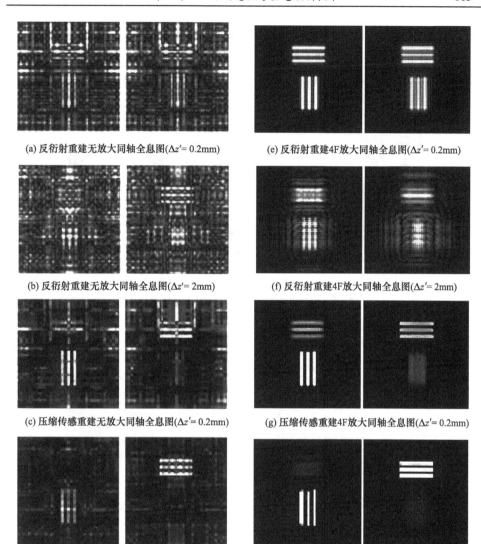

(a) 反衍射重建无放大同轴全息图(Δz′= 0.2mm)

(b) 反衍射重建无放大同轴全息图(Δz′= 2mm)

(c) 压缩传感重建无放大同轴全息图(Δz′= 0.2mm)

(d) 压缩传感重建无放大同轴全息图(Δz′= 2mm)

(e) 反衍射重建4F放大同轴全息图(Δz′= 0.2mm)

(f) 反衍射重建4F放大同轴全息图(Δz′= 2mm)

(g) 压缩传感重建4F放大同轴全息图(Δz′= 0.2mm)

(h) 压缩传感重建4F放大同轴全息图(Δz′= 2mm)

图 5.43　不同轴向间距被测物体的无放大和 4F 放大同轴全息图重建结果

2. 实验分析

4F 放大同轴全息记录系统如图 5.44 所示，氦氖激光器光源波长为 632.8nm，全息图大小为 900 像素×900 像素，像素尺寸为 4.65μm。4F 放大系统由两个透镜构成，透镜 L_1 和 L_2 的焦距 f_1 和 f_2 分别为 50mm 和 150mm。实验中用两个 3.18mm 厚的光学样本前后表面分别刻画不同图案构成两个测试样本，一个前后表面分别刻有三角形和圆形图案，且两个图案从光轴方向上看是不重叠的；另一个前后表面分别刻有三角形和圆形图案，但两个图案从光轴方向上看是重叠的。双平面图案测试样本如图 5.45 所示。两个样本中，三角形的边长为 1mm，圆形外径为 0.5mm，三角形图案和圆形图案的槽宽大约为 40μm，其他的参数相同。

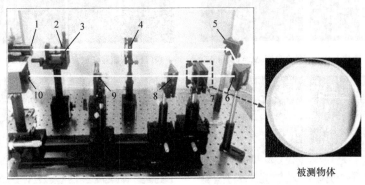

1-激光器；2-显微物镜；3-针孔；4-准直透镜；5,6-反射镜；7-测试样本；
8,9-焦距分别为 f_1 和 f_2 的两个透镜 L_1 和 L_2；10-CCD

图 5.44　4F 放大同轴全息记录系统

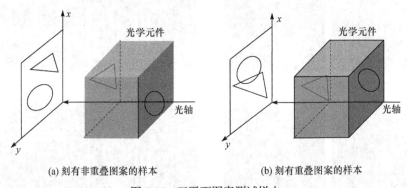

(a) 刻有非重叠图案的样本　　　　　　　(b) 刻有重叠图案的样本

图 5.45　双平面图案测试样本

　　测试样本的前表面放置于透镜 L_1 的前焦点处，相应三角形成像于透镜 L_2 的后焦点处。根据式(5.69)可知，三角形与圆形成像平面之间的距离约为 28.62mm。实验时，采用图 5.44 所示的系统分别记录上述两个样本的无放大同轴全息图(将4F 放大系统移除)和 4F 放大同轴全息图。

　　1) 沿光轴方向非重叠图案的测试样本

　　对刻有沿光轴方向非重叠图案的测试样本进行实验，其无放大同轴全息图和4F 放大同轴全息图如图 5.46(a)和(b)所示。采用指数分布变密度减采样模式实现全息图频域数据的压缩(采样率为 33%)。采用反衍射法和压缩传感法对全息图进行层析重建。

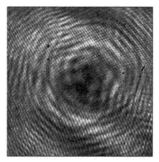
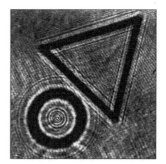

(a) 非重叠图案的无放大同轴全息图　　　　(b) 非重叠图案的4F放大同轴全息图

图 5.46 非重叠图案的全息图

图 5.47(a) 为无放大同轴全息图在 z_1=428.62mm 和 z_2=431.80mm 处的压缩传感重建结果，图 5.47(b) 为 4F 放大同轴全息图在 z_1=428.62mm 和 z_2=431.80mm 处的反衍射重建结果，图 5.47(c)为 4F 放大同轴全息图在 z_1=428.62mm 和 z_2=431.80mm 处的压缩传感重建结果。由重建结果可知，压缩传感重建比反衍射重建具有更好的效果，4F 放大同轴全息的压缩传感重建技术能够进一步提高压缩传感重建质量。

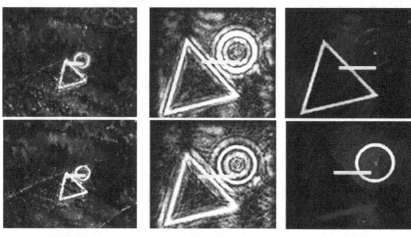

(a) 无放大同轴全息图　　　(b) 4F放大同轴全息图　　　(c) 4F放大同轴全息图
　压缩传感重建结果　　　　　反衍射重建结果　　　　　压缩传感重建结果

图 5.47 非重叠图案无放大和 4F 放大同轴全息图的重建结果

2) 沿光轴方向重叠图案的测试样本

为进一步验证上述方法的可行性，下面利用沿光轴方向重叠图案的测试样本开展重建实验。实验系统如图 5.44 所示，其无放大同轴全息图和 4F 放大同轴全息图如图 5.48(a)和(b)所示。

(a) 重叠图案的无放大同轴全息图　　　　　　(b) 重叠图案的4F放大同轴全息图

图 5.48　记录物体的同轴全息图

图 5.49(a) 为无放大同轴全息图在 z_1=428.62mm 和 z_2=431.80mm 处的压缩传感重建结果，图 5.49(b) 为 4F 放大同轴全息图在 z_1=428.62mm 和 z_2=431.80mm 处的反衍射重建结果，图 5.49(c)为 4F 放大同轴全息图在 z_1=428.62mm 和 z_2=431.80mm 处的压缩传感重建结果。

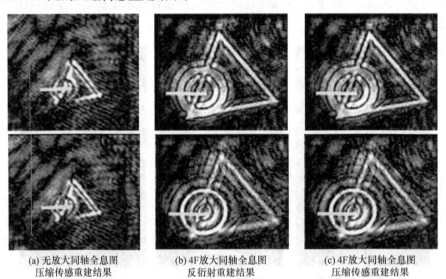

(a) 无放大同轴全息图　　　　　(b) 4F放大同轴全息图　　　　　(c) 4F放大同轴全息图
　压缩传感重建结果　　　　　　　反衍射重建结果　　　　　　　压缩传感重建结果

图 5.49　重叠图案无放大和 4F 放大同轴全息图的重建结果

从重建结果可知，对于重叠物体，4F 放大同轴全息压缩传感重建技术同样比无放大同轴全息压缩传感重建技术具有更好的效果。该实验不仅进一步验证了 4F 放大系统与压缩同轴全息技术相结合对压缩全息技术重建分辨能力的提高，而且显示了 4F 放大同轴全息压缩传感重建的适用性。

5.3.3　轴向分辨率的分析

定义被测物体特征尺寸为 w_{obj}，两切平面间距为 H_{obj}，被测物体与记录平面的距离为 z_1，d 为记录平面像素尺寸，记录平面横向和纵向像素个数分别为 N_x、N_y，且 $N_x = N_y$。

对于无放大同轴全息记录系统(将图 5.40 中的虚线框移除)，该系统的数值孔径为 NA_1，且 $\mathrm{NA}_1 \approx N_x d/(2z_1')$。根据压缩传感同轴全息层析重建分辨率的分析，可知横向和轴向分辨率分别为 $\Delta x_{\mathrm{inline}} = \lambda/\mathrm{NA}_1$、$\Delta z_{\mathrm{inline}} = \lambda/\mathrm{NA}_1^2$。因此，理论上物体的轴向分辨率为 $\Delta z_{\mathrm{inline}} = 4\lambda(z_1')^2/(N_x^2 d^2)$。

对于如图 5.40 所示的 4F 放大同轴压缩全息记录系统，物体被投影为放大的像。假设物体所成的像与记录平面的距离为 z_1；两切平面的像的间距为 H_{img}，且 $H_{\mathrm{img}} = 2\beta_{x,y} H_{\mathrm{obj}}$；像的特征尺寸为 w_{img}，且 $w_{\mathrm{img}} = \beta_{x,y} w_{\mathrm{obj}}$；像后方光学系统的数值孔径为 $\mathrm{NA}_2 = N_x d/(2z_1)$。因此，4F 放大系统的理论轴向分辨率为 $\Delta z_{\mathrm{4F}} = 4\lambda(z_1)^2/(\beta_{x,y} N_x d)^2$。

根据上述分析可知，无放大同轴全息记录系统和 4F 放大同轴全息记录系统的轴向分辨率的比值 M 为

$$M = \frac{\Delta z_{\mathrm{4F}}}{\Delta z_{\mathrm{inline}}} = [z_1/(\beta_{x,y} z_1')]^2 \tag{5.71}$$

如果两轴向分辨率的比值 $M < 1$，即 $z_1 < \beta_{x,y} z_1'$，那么 4F 放大同轴压缩全息技术相比较无放大同轴压缩全息技术，轴向分辨率得到了提高。因此，通过对无放大同轴全息记录系统添加 4F 放大系统，很容易满足条件 $z_1 < \beta_{x,y} z_1'$。

在实验分析中，基于压缩传感的无放大和 4F 放大同轴全息层析重建的理论轴向分辨率分别为 $\Delta z_{\mathrm{inline}} \approx 26.6\mathrm{mm}$、$\Delta z_{\mathrm{4F}} \approx 0.013\mathrm{mm}$。因此对于测试实验中 3.18mm 厚的样本，其前后两表面的特征信息可以通过基于压缩传感的 4F 放大同轴全息层析重建技术分离开来，而基于压缩传感的无放大同轴全息层析重建技术却不能实现。

5.4　基于压缩传感的点光源放大同轴全息层析重建

本节主要介绍基于压缩传感的点光源放大同轴全息层析重建技术，利用该方法从点光源放大全息图频域少量数据中实现被测物体的层析重建，通过实验分析信噪比、采样率和轴向间距对重建质量的影响，并分析该方法的重建轴向分辨率。

5.4.1　基于压缩传感的点光源放大同轴全息层析重建方法

1. 基于压缩传感的点光源放大同轴全息记录

构建由无透镜点光源放大的显微记录系统，并采用 CCD 记录点光源放大同轴全息图。这种点光源放大的全息显微记录系统如图 5.50 所示[49]。

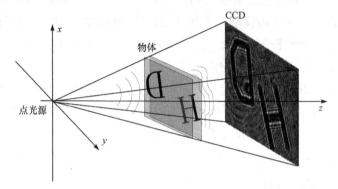

图 5.50　点光源放大全息显微记录示意图

记录平面与点光源之间的距离为 z_{ccd}，记录平面上的干涉图强度值可描述为

$$I(x,y;z_{ccd}) = \left| U(x,y;z_{ccd}) \right|^2$$
$$= \left| U_0(x,y;z_{ccd}) \right|^2 + \left| U_s(x,y;z_{ccd}) \right|^2 + 2\operatorname{Re}\left[U_0^*(x,y;z_{ccd}) U_s(x,y;z_{ccd}) \right]$$

$$(5.72)$$

式中，$(x,y;z_{ccd})$ 为距离点光源 z_{ccd} 处的记录平面坐标；U 为 CCD 记录平面接收到的光场；U_0 为入射光在 CCD 平面上的光场；U_s 为物体在 CCD 平面上的衍射场。

入射光场由点光源发出球面波而产生，因此物体衍射场可表示为

$$U_s(x,y;z_{ccd}) = U(x,y;z_{ccd}) - U_0(x,y;z_{ccd})$$
$$= \iiint dx'dy'dz' U_0(x',y';z')\beta(x',y';z')h(x-x',y-y';z_{ccd}-z')$$

$$(5.73)$$

式中，$(x',y';z')$ 为空间物体物平面坐标；$\beta(x',y';z')$ 为物体散射场；h 为惠更斯-菲涅耳点扩展函数。

入射光场 $U_0(x,y;z)$ 是来自 $z=0$ 处的球面波，可以用 $h(x,y;z=z_{ccd})$ 表示，因而来自物体的衍射场可描述为[50]

$$U_s(x,y;z_{ccd}) = \iiint dx'dy'dz'U_0(x',y';z')\beta(x',y';z')h(x-x',y-y';z_{ccd}-z')$$

$$= h(x,y;z_{ccd})\iiint dx''dy''dz'C(z')\beta\left(\frac{x''z'}{z_{ccd}},\frac{y''z'}{z_{ccd}};z'\right)h\left(x-x'',y-y'';\frac{z_{ccd}-z'}{z'/z_{ccd}}\right)$$

$$= h(x,y;z_{ccd})\int dz'C(z')F_{2D}^{-1}\left\{F_{2D}\left[\beta\left(\frac{x''z'}{z_{ccd}},\frac{y''z'}{z_{ccd}};z'\right)\right]\right\}H_F\left(k_{x''},k_{y''};\frac{z_{ccd}-z'}{z'/z_{ccd}}\right)$$

$$(5.74)$$

式中，H_F 是菲涅耳传递函数；F_{2D} 和 F_{2D}^{-1} 表示二维傅里叶变换和二维傅里叶逆变换；坐标系 (x'',y'') 定义为 $x'' = x'z_{ccd}/z'$，$y'' = y'z_{ccd}/z'$；$C(z')$ 为均匀相位延迟函数，可定义成关于变量 z' 的函数为

$$C(z') = \exp\left[ikz_{ccd}(1-z_{ccd}/z')\right] \qquad (5.75)$$

考虑 CCD 采集的衍射场，式(5.72)中的最后一项可离散化：

$$U_0^*(n_1\Delta,n_2\Delta,z_{ccd})U_s(n_1\Delta,n_2\Delta,z_{ccd})$$

$$= h^*(n_1\Delta,n_2\Delta,z_{ccd})U_s(n_1\Delta,n_2\Delta,z_{ccd})$$

$$= \frac{1}{N^2}\sum_l C\left(\frac{l\Delta z}{z_{ccd}}\right)\sum_{m1}\sum_{m2}\sum_{n1}\sum_{n2}\beta(n_1''\Delta'',n_2''\Delta'',l\Delta z)\exp\left(-i2\pi\frac{m_1n_1''+m_2n_2''}{N}\right)$$

$$\times H_F\left(m_1\Delta k,m_2\Delta k,\frac{z_{ccd}-l\Delta z}{\frac{l\Delta z}{z_{ccd}}}\right)\exp\left(i2\pi\frac{m_1n_1+m_2n_2}{N}\right) \qquad (5.76)$$

式中，Δ 为 CCD 平面上的采样间距；Δ'' 为物平面的采样间距；Δz 为物空间的轴向采样间距。傅里叶域采样间距 Δk 满足以下关系：$\Delta\Delta k = 2\pi$，$\Delta''\Delta k = 2\pi z'/z_{ccd}$。

式(5.76)可以重新简化为

$$U_{0,n_1,n_2}^* U_{s,n_1,n_2} = \sum_l C_l F_{2D}^{-1}\left[F_{2D}\left\{\beta_{n_1''n_2''l}\right\}_{m_1m_2} H_{F,m_1m_2l}\right]_{n_1n_2} \qquad (5.77)$$

式中，$\beta_{n_1''n_2''l} = \beta(n_1''\Delta'',n_2''\Delta'',l\Delta z)$；$H_{F,m_1m_2l} = H_F(m_1\Delta k,m_2\Delta k,z_{ccd}(z_{ccd}-l\Delta z)/l\Delta z)$。

2. 基于压缩传感的点光源放大同轴全息重建

根据上述分析，去除直流项后全息图的简化含有系统误差的线性关系，即

$$I(x,y;z_{ccd}) = 2\mathrm{Re}\left[U_0^*(x,y;z_{ccd})U_s(x,y;z_{ccd})\right] + N(x,y) \qquad (5.78)$$

式中，$N(x,y)$ 为 $U_s(x,y;z_{ccd})$ 的自相关项所带来的系统误差。

去除直流项之后，全息图的频谱信息可表示为

$$F_{I_{os}} = 2F_{2D}\left[\mathrm{Re}\left(U_{0,n_1,n_2}^* U_{s,n_1,n_2}\right)\right] + e + n$$

$$= 2F_{2D}\left\{\mathrm{Re}\left\{\sum_l C_l F_{2D}^{-1}\left[F_{2D}\left(\beta_{n_1''n_2''l}\right)_{m_1 m_2} H_{F,m_1 m_2 l}\right]_{n_1 n_2}\right\}\right\} + e + n \tag{5.79}$$

式中，$F_{I_{os}}$ 为去除直流项之后的点光源放大全息图频谱信息；n 为自相关项 $\left|U_s(x,y;z_{ccd})\right|^2$ 的频谱信息；e 为外界噪声频谱。

对于点光源放大同轴全息图，它的频谱信息大多数都集中在频域中心位置，且信息分布密度从中心位置向边缘逐渐衰减。为了减少采集点光源放大同轴全息图的数据量，可以在全息图频域进行采样或者压缩处理。采样或者压缩过程可以通过在原点附近采集大部分数据、边缘采集少量数据的方法。所采用的采样模式为指数分布变密度减采样(采样率为 25%)，生成的二值矩阵用 M 表示。频域去除直流项并减采样之后，点光源放大全息图频谱少量数据可以表示为

$$\hat{F}_{I_{os}} = M \cdot F_{I_{os}} \tag{5.80}$$

定义 x 和 y 分别为物体散射场 $\beta_{n_1''n_2''l}$ 和全息图频谱 $F_{I_{os}}$ (去除直流项之后的全息图频谱)的向量表示，式(5.79)可简化为

$$y = 2H_2 x + e + n \tag{5.81}$$

式中，H_2 表示测量矩阵，其中每个元素可表示为 $H_{i,j}\left[F_{2D}\,\mathrm{Re}\left(CF_{2D}^{-1}H_F F_{2D}\right)\right]i_j$。

根据测量基、稀疏基以及重构算法的分析，式(5.81)可以通过基于最小全变差约束的两步迭代法求解。因此，原始信号可以通过下式计算获得：

$$f(x) = \arg\min_f \frac{1}{2}\|y - 2H_2 x\|_2^2 + \tau\|x\|_{TV} \tag{5.82}$$

式中，$\|x\|_{TV} = \sum_m \sum_n \sum_q \sqrt{(x_{m+1,n,q} - x_{m,n,q})^2 + (x_{m,n+1,q} - x_{m,n,q})^2 + (x_{m,n,q+1} - x_{m,n,q})^2}$；$y$ 取点光源放大同轴全息图频域减采样数据作为输入，即 $\hat{F}_{I_{os}}$；x 为物体散射光场；τ 为用来平衡的正则化参数。针对点光源放大同轴全息图的层析重建，可以按照基于最小全变差约束的两步迭代法流程实现。

5.4.2　基于压缩传感的点光源放大同轴全息层析重建模拟

本节主要通过模拟实验分析基于压缩传感的点光源放大同轴全息层析重建的可行性，并分析轴向间距对重建质量的影响。模拟实验系统如图 5.50 所示，光源距离接收屏为 $z = 50\mathrm{mm}$，氦氖激光器点光源波长为 632.8nm，CCD 尺寸为 512 像素×512 像素，像素尺寸为 4.65μm。被测样本是由双切平面构成的三维模拟物

体，其中双切平面之间的距离为 Δz ，太阳层(第一层)距离点光源为 $z_1 = 10\text{mm}$ ，如图 5.51 所示。

1. 点光源放大同轴全息重建

模拟实验采用上述的实验系统和参数，其中双切平面之间的距离 Δz=500μm 。首先球面光波依次通过双切平面，透射光波由 CCD 接收并获得三维模拟物体的全息图，全息图大小为 512 像素×512 像素，像素尺寸为 4.65μm×4.65μm，如图 5.52 所示。然后采用指数分布变密度减采样模式，对点光源放大同轴全息图的傅里叶频谱进行减采样来获得全息图的频域压缩数据，采样率为 25%，即每四个数据中抽取一个。最后根据式(5.82)对压缩全息图进行重建，并采用式(5.46)所示的图像质量指标评价其重建质量。

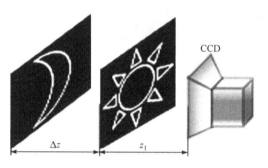
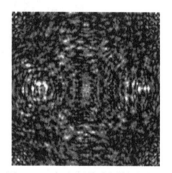

图 5.51　双切平面构成的三维模拟物体　　图 5.52　点光源放大同轴全息图

图 5.53 为三维模拟物体(双切平面)的原始图像及其重建结果。图 5.53(a) 为原始双切平面，图 5.53(b) 为基于反衍射法的双切平面重建结果，图 5.53(c) 为基于压缩传感法的双切平面重建结果。其中双切平面的反衍射重建图像质量指标分别为 $\text{Im}Q_{太阳}$=0.399 和 $\text{Im}Q_{月亮}$=0.160 ，压缩传感重建质量指标分别为 $\text{Im}Q_{太阳}$=0.796 和 $\text{Im}Q_{月亮}$=0.781 ，表明压缩传感法比反衍射法获得更高的重建质量指标，图中也明显反映出反衍射重建结果含有大量的"离焦"噪声，而压缩传感法能实现清晰的聚焦平面图像重建。

(a) 原始双切平面

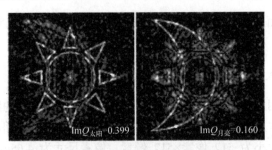

(b) 反衍射重建结果

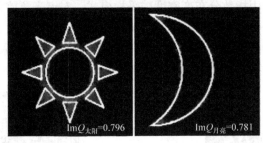

(c) 压缩传感重建结果

图 5.53 三维模拟物体(双切平面)的原始图像及其重建结果

2. 采样率对重建质量的影响

仅改变全息图频域采样率，其他模拟条件不变，同样采用指数分布变密度减采样模式，采样率在 0 到 1 之间等分为 10 组。

获得 10 组不同采样率的点光源放大同轴全息图，再分别采用反衍射法和压缩传感法实现点光源放大同轴全息图的层析重建。表 5.5 给出了不同采样率下轴向间距 $\Delta z=500\mu m$ 时不同切平面的重建质量指标。三维物体重建质量随采样率变化的总体趋势可参见文献[58]。

表 5.5 不同采样率下轴向间距$\Delta z=500\mu m$时不同切平面的重建质量指标 $\mathrm{Im}Q$

采样率%	反衍射法		压缩传感法	
	太阳	月亮	太阳	月亮
20	0.337	0.159	0.786	0.777
40	0.342	0.161	0.821	0.815
60	0.345	0.162	0.828	0.822
80	0.347	0.162	0.833	0.827
100	0.348	0.163	0.834	0.829

由表 5.5 及文献[57]可知：①基于压缩传感的点光源放大同轴全息层析重建质

量指标比全息图的反衍射重建质量指标要高出许多，具有明显的优势，这在该模拟实验中进一步得到了验证；②太阳和月亮图案切平面的重建质量指标有一定的差距，这主要是由切平面所处轴向位置的不同以及切平面图案特征尺寸大小的不同引起的；③随着采样率的增大，反衍射重建质量没有明显的变化且重建质量都较低；④随着采样率的增大，压缩传感重建质量指标曲线产生一定上升趋势，但是变化不大，这是由于点光源放大同轴全息频域信息较集中，通过少量的采样率就能获得全息图的大部分频域信息，所以后续提高采样率，重建质量指标没有明显的变化。

3. 信噪比对重建质量的影响

在全息图中添加信噪比，其他模拟条件保持不变，太阳和月亮图案双切平面之间的轴向间距相同，仍为 $\Delta z=500\mu m$ ，在全息图中添加不同信噪比的高斯噪声，其信噪比以 10dB 的增幅在 10dB 到 100dB 等间隔变化，获得 10 组具有不同信噪比的全息数据。

采用指数分布变密度减采样模式(采样率为 25%)对全息图频谱进行减采样，再依次用反衍射法和以傅里叶-典范基为核心基对的压缩传感法重建三维物体，并获得其重建质量指标。三维物体重建质量指标与信噪比的关系如表 5.6 所示，可见在不同噪声级别下，压缩传感重建质量总是高于反衍射重建质量。

表 5.6　采样率为 25%、不同信噪比时的切平面重建质量指标 $\mathrm{Im}Q$

信噪比/dB	反衍射法		压缩传感法	
	太阳	月亮	太阳	月亮
15	0.337	0.158	0.788	0.770
35	0.340	0.160	0.795	0.781
55	0.340	0.160	0.795	0.781
75	0.340	0.160	0.795	0.781

4. 轴向间距对重建质量的影响

模拟条件和被测物体与点光源放大同轴全息模拟实验相同。首先设置轴向间距 Δz 以 25μm 增幅在 25μm 到 500μm 等间隔变化，共获得 20 组不同轴向间距的点光源放大全息图；然后采用指数分布变密度减采样模式进行全息图频谱的压缩处理；最后采用反衍射法和压缩传感法分别重建三维物体，计算 20 组不同轴向间距下的重建质量指标，如图 5.54 所示。可知在轴向间距整个变化范围内，压缩传感重建质量均高于反衍射重建质量,且重建质量指标随着轴向间距的增大而提高。

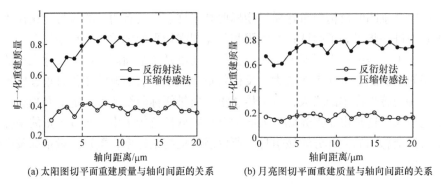

(a) 太阳图切平面重建质量与轴向间距的关系　　(b) 月亮图切平面重建质量与轴向间距的关系

图 5.54　被测物体重建质量与切平面轴向间距的关系

5.4.3　基于压缩传感的点光源放大同轴全息层析重建实验

点光源放大全息记录系统如图 5.55 所示，由氦氖激光器、空间滤波器、孔径光阑、准直透镜、显微物镜、被测物体和CCD组成。氦氖激光器光源波长为632.8nm，CCD 感光面的面径尺寸为 960 像素×960 像素，像素尺寸为 4.65μm，记录平面与显微物镜的后焦点相距约 33mm。被测样本是前后表面分别刻有 D 和 H 字母的光学玻璃板，玻璃板厚度为 2mm，两字母沿光轴方向是非重叠的，如图 5.56 所示。

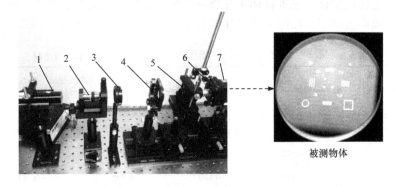

被测物体

1-氦氖激光器；2-空间滤波器；3-孔径光阑；4-准直透镜；5-显微物镜；6-被测物体；7-CCD

图 5.55　点光源放大全息记录系统

1. 点光源放大同轴全息层析重建实验

下面开展基于压缩传感的点光源放大同轴全息层析重建实验分析。被测样本的前表面置于距显微物镜后焦点约 10mm 处。首先激光器发出的光经空间滤波器滤波并扩束后，再经过孔径光阑和准直透镜获得所需大小的平行光，平行光通过显微物镜转变为球面光波，通过该球面光波实现被测物体的照明并在记录平面获得被测物体的全息图，如图 5.57 所示。

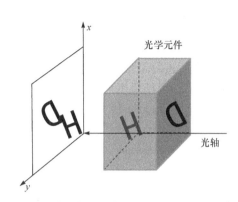

图 5.56　前后表面刻有 D 和 H 字母的被测物体　　　图 5.57　被测物体全息图

采用指数分布变密度减采样模式对全息图的傅里叶频谱进行减采样处理(采样率为 50%)，再分别基于反衍射法和压缩传感法实现频域压缩全息图重建，结果如图 5.58 所示，图中分别展示了被测物体通过反衍射法和压缩传感法在对应位置 z_1=10mm、z_2=12mm 的重建结果。虽然采用压缩传感法处理数据需要大概一个小时，反衍射法只需要几秒钟就能完成，但结果表明压缩传感重建质量比反衍射重

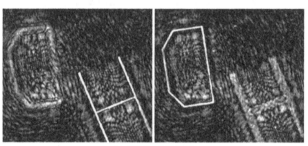

(a) 反衍射重建结果

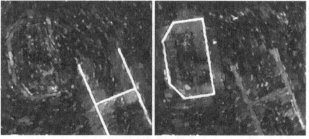

(b) 压缩传感重建结果

图 5.58　基于不同算法实现点光源放大同轴全息图重建

建更好，该方法能够应用于点光源放大全息技术；从重建结果横截线图可知，字母 D 和 H 能够从横截线中区分开来，离焦噪声得到很好的消除。

2. 调焦提高重建质量

根据调焦流程对图 5.57 所示点光源放大全息图进行最佳重建距离调整实验。图 5.59 为重建距离与重建结果归一化强度值的关系，由结果图可确定光学元件前后两表面所刻的两字母所在平面的重建距离分别为 10mm 和 12.5mm。图 5.60 为最佳重建距离条件下的重建结果。

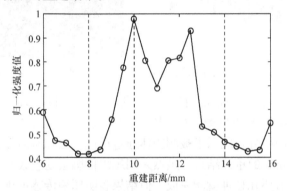

图 5.59　不同重建距离与归一化强度值的关系

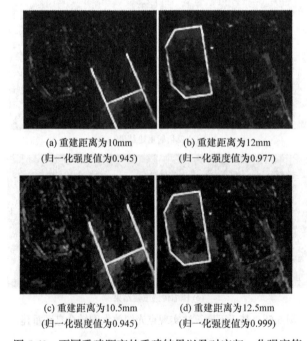

(a) 重建距离为 10mm　　　　(b) 重建距离为 12mm
(归一化强度值为 0.945)　　　(归一化强度值为 0.977)

(c) 重建距离为 10.5mm　　　(d) 重建距离为 12.5mm
(归一化强度值为 0.945)　　　(归一化强度值为 0.999)

图 5.60　不同重建距离的重建结果以及对应归一化强度值

由图 5.60 可知，重建距离越精确，其重建结果表现的特征信息越清晰，其归一化强度值也越大。

5.4.4　轴向分辨率的分析

图 5.61 为点光源放大同轴全息图记录系统。点光源、被测物体与记录平面之间的距离分别为 d 和 D，系统放大倍率为 M，记录平面横向和纵向的像素量分别为 N_x、N_y，且 $N_x = N_y$，像素尺寸为 Δ。

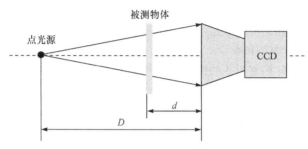

图 5.61　点光源放大同轴全息图记录系统示意图

基于压缩传感的点光源放大同轴全息层析重建的横向和纵向分辨率可分别通过式(5.50)、式(5.51)表示。系统有效数值孔径 $\mathrm{NA_e}$ 为记录平面内横向和纵向像素个数、像素尺寸以及被测物体与记录平面之间的距离所构成的函数，可定义为

$$\mathrm{NA_e} = \frac{N_x \Delta}{2d} \tag{5.83}$$

事实上，系统有效数值孔径 $\mathrm{NA_e}$ 还受到放大倍率 M 和物体特征尺寸的影响，放大倍率为

$$M = \frac{d}{D} \tag{5.84}$$

系统放大倍率和物体特征尺寸越大，物体衍射信息所占据的有效数值孔径尺寸 D_e 越大，有效数值孔径 $\mathrm{NA_e}$ 越大。

由上述分析可知，分辨率受到系统噪声、放大倍率和物体特征尺寸的限制，这些因素影响着全息图中可识别的衍射信号。因此，可以通过大量的衍射信号来评估分辨率。在测试实验中，被测物体所产生的衍射区域基本被记录在 960 像素 ×960 像素内，像素尺寸为 4.65μm 时产生的有效孔径尺寸 D_e 约为 4.5mm，物体传播至 CCD 的距离近似为 21mm，光源波长 λ 为 632.8nm，最终求得的有效数值孔径 $\mathrm{NA_e}$ 近似为 0.11，轴向分辨率 Δz 约为 53μm。因此，实验中间距为 2mm 的双图案 D 和 H 能够被区分开来。

数字全息技术及其应用

参 考 文 献

[1] Choi K, Horisaki R, Marks D L, et al. Coding and signal inference in compressive holography[C]. Proceedings of Frontiers in Optics/Laser Science/Fall OSA Optics & Photonics Technical Digest, San Jose, 2009: CThA5-1-CThA5-3.

[2] Lim S, Horisaki R, Choi K, et al. Experimental demonstrations of compressive holography[C]. Proceedings of Frontiers in Optics/Laser Science/Fall OSA Optics & Photonics Technical Digest, San Jose, 2009: CThA6-1-CThA6-3.

[3] Choi K, Horisaki R, Hahn J, et al. Compressive holography of diffuse objects[J]. Applied optics, 2010, 49(34): H1-H10.

[4] Lim S, Marks D L, Brady D J. Sampling and processing for compressive holography[J]. Applied Optics, 2011, 50(34): H75-H86.

[5] Hahn J, Lim S, Choi K, et al. Compressive holographic microscopy[C]. Proceedings of Digital Holography and 3D Imaging, Miami, 2010: JMA1-1-JMA1-3.

[6] Hahn J, Lim S, Choi K, et al. Video-rate compressive holographic microscopic tomography[J]. Optics Express, 2011, 19(8): 7289-7298.

[7] Fernandez C A, Brady D, Mait J N, et al. Sparse Fourier sampling in millimeter-wave compressive holography[C]. Proceedings of Biomedical Optics and 3-D Imaging, Miami, 2010: JMA14-1-JMA14-3.

[8] Cull C F, Wikner D A, Mait J N, et al. Millimeter-wave compressive holography[J]. Applied Optics, 2010, 49(19): E67-E82.

[9] Rivenson Y, Stern A. Compressive sensing techniques in holography[C]. 10th Euro-American Workshop on Information Optics, Benicassim, 2011: 1-2.

[10] Rivenson Y, Stern A, Rosen J. Reconstruction guarantees for compressive tomographic holography[J]. Optics Letters, 2013, 38(14): 2509-2511.

[11] Stern A, Rivenson Y, Rosen J, et al. Compressing sensing techniques for holography: Theory and examples[C]. Proceedings of Biomedical Optics and 3-D Imaging, Miami, 2012: DSu2C.1-1-DSu2C.1-3.

[12] Rivenson Y, Stern A, Javidi B. Overview of compressive sensing techniques applied in holography[J]. Applied Optics, 2013, 52(1): A423-A432.

[13] Rivenson Y, Stern A. What is the reconstruction range for compressive fresnel holography[C]. Proceedings of Imaging and Applied Optics, Toronto, 2011: CWB6-1-CWB6-1-3.

[14] Rivenson Y, Stern A, Javidi B. Compressive fresnel holography[J]. IEEE/OSA Journal of Display Technology, 2010, 6(10): 506-509.

[15] Stern A, Rivenson Y, Javidi B. Efficient compressive fresnel holography[C]. 9th Euro-American Workshop on Information Optics, Helsinki, 2010: 1-2.

[16] Rivenson Y, Rot A, Balber S, et al. Recovery of partially occluded objects by applying compressive fresnel holography[J]. Optics Letters, 2012, 37(10): 1757-1759.

[17] Rivenson Y, Stern A, Javidi B. Improved depth resolution by single-exposure in-line compressive holography[J]. Applied Optics, 2013, 52(1): A223-A231.

[18] Rivenson Y, Stern A, Rosen J. Compressive multiple view projection incoherent holography[J]. Optics Express, 2011, 19(7): 6109-6118.

[19] Rivenson Y, Stern A, Rosen J. Compressive sensing approach for reducing the number of exposures in multiple view projection holography[C]. Proceedings of Frontiers in Optics/Laser Science, Rochester, 2010: FThM2-1- FThM2-2.

[20] Marim M, Angelini E, Olivo-Marin J C, et al. Off-axis compressed holographic microscopy in low-light conditions[J]. Optics Letters, 2011, 36(1): 79-81.

[21] Clemente P, Durán V, Tajahuerce E, et al. Compressive holography with a single-pixel detector[J]. Optics Letters, 2013, 38(14): 2524-2527.

[22] Clemente P, Tajahuerce E. Phase imaging via compressive sensing[C]. Imaging and Applied Optics, Alington, 2013: Jtu4A.14-1-Jtu4A.14-2.

[23] Nehmetallah G, Williams L, Banerjee P. Tomographic compressive holographic reconstruction of 3D Objects[C]. International Society for Optics and Photonics, San Diego, 2012: 85000P-1- 85000P-9.

[24] Williams L, Nehmetallah G, Banerjee P P. Digital tomographic compressive holographic reconstruction of three-dimensional objects in transmissive and reflective geometries[J]. Applied Optics, 2013, 52(8): 1702-1710.

[25] Chardon G, Daudet L, Peillot A, et al. Near-field acoustic holography using sparse regularization and compressive sampling principles[J]. Journal of the Acoustical Society of America, 2012, 132(3): 1521-1534.

[26] Memmolo P, Esnaola I, Finizio A, et al. A new algorithm for digital holograms denoising based on compressed sensing[C]. International Society for Optics and Photonics, Brussels, 2012: 84291G-1-84291G-7.

[27] Ma J, Xia F, Su P, et al. Study on compressive sensing phase-shifting digital holography[J]. Semiconductor Optoelectronics, 2013, 34(1): 130-133.

[28] 吴迎春, 吴学成, 王智化, 等. 压缩感知重建数字同轴全息[J]. 光学学报, 2011, 31(11): 1109001-1-1109001-6.

[29] Li J, Wang Y P, Li R, et al. Single-pixel holographic 3D imaging system based on compressive sensing[C]. Proceedings of Digital Holography and Three-Dimensional Imaging, Hawaii, 2013: DW2A.9-1-DW2A.9-4.

[30] Haupt J, Nowak R. Compressive sampling vs. conventional imaging[C]. IEEE International Conference on Image Processing, Atlanta, 2006: 1269-1272.

[31] Candes E J, Tao T. Decoding by linear programming[J]. IEEE Transactions on Information Theory, 2005, 51(12): 4203-4215.

[32] Baraniuk R G. Compressive sensing[J]. IEEE Signal Processing Magazine, 2007, 24(4): 118-121.

[33] Candes E J, Romberg J K, Tao T. Stable signal recovery from incomplete and inaccurate measurements[J]. Communications on Pure and Applied Mathematics, 2006, 59(8): 1207-1223.

[34] Candes E, Romberg J. Sparsity and incoherence in compressive sampling[J]. Inverse Problems, 2007, 23(3): 969-985.

[35] Tsaig Y, Donoho D L. Extensions of compressed sensing[J]. Signal Processing, 2006, 86(3): 549-571.

[36] Bioucas-Dias J M, Figueiredo M A T. A new twist: Two-step iterative shrinkage/thresholding algorithms for image restoration[J]. IEEE Transactions on Image Processing, 2007, 16(12): 2992-3004.

[37] Mallat S G, Zhifeng Z. Matching pursuits with time-frequency dictionaries[J]. IEEE Transactions on Signal Processing, 1993, 41(12): 3397-3415.

[38] Pati Y C, Rezaiifar R, Krishnaprasad P S. Orthogonal matching pursuit: Recursive function approximation with applications to wavelet decomposition[C]. Proceedings of 27th Asilomar Conference on Signals, Systems and Computers, Pacific Grove, 1993: 40-44.

[39] Davis G, Mallat S, Avellaneda M. Adaptive greedy approximations[J]. Constructive Approximation, 1997, 13(1): 57-98.

[40] Donoho D L, Tsaig Y, Drori I, et al. Sparse solution of underdetermined systems of linear equations by stagewise orthogonal matching pursuit[J]. IEEE Transactions on Information Theory, 2012, 58(2): 1094-1121.

[41] Needell D, Vershynin R. Signal Recovery from incomplete and inaccurate measurements via regularized orthogonal matching pursuit[J]. IEEE Journal of Selected Topics in Signal Processing, 2010, 4(2): 310-316.

[42] Vese L A, Osher S J. Image denoising and decomposition with total variation minimization and oscillatory functions[J]. Journal of Mathematical Imaging and Vision, 2004, 20(12): 7-18.

[43] Allard W K. Total variation regularization for image denoising, I. geometric theory[J]. Siam Journal on Mathematical Analysis, 2007, 39(4): 1150-1190.

[44] Candes E J, Romberg J, Tao T. Robust uncertainty principles: Exact signal reconstruction from highly incomplete frequency information[J]. IEEE Transactions on Information Theory, 2006, 52(2): 489-509.

[45] 郁道银, 谈恒英. 工程光学[M]. 北京: 机械工业出版社, 2005.

[46] Kreis T. Handbook of Holographic Interferometry[M]. Weinheim: Wiley, 2004.

[47] Mas D, Garcia J, Ferreira C, et al. Fast algorithms for free-space diffraction patterns calculation[J]. Optics Communications, 1999, 164(46): 233-245.

[48] Rivenson Y, Stern A. Conditions for practicing compressive fresnel holography[J]. Optics Letters, 2011, 36(17): 3365-3367.

[49] Wang Z, Arce G R. Variable density compressed image sampling[J]. IEEE Transactions on Image Processing, 2010, 19(1): 264-270.

[50] Puy G, Vandergheynst P, Wiaux Y. On variable density compressive sampling[J]. IEEE Signal Processing Letters, 2011, 18(10): 595-598.

[51] Di H, Zheng K, Zhang X, et al. Multiple-image encryption by compressive holography[J]. Applied Optics, 2012, 51(7): 1000-1009.

[52] Yu Y J, Zhou W J, Orphanos Y, et al. Phase-shifting digital holography in imagereconstruction[J]. Journal of Shanghai University, 2006, 10(1): 59-64.

[53] Takaki Y, Kawai H, Ohzu H. Hybrid holographic microscopy free of conjugate and zero-order

images[J]. Applied Optics, 1999, 38(23): 4990-4996.

[54] 钱相臣. ET 重建图像质量评估研究[D]. 天津: 天津大学, 2008.

[55] Wang Z, Bovik A C. A universal image quality index[J]. IEEE Signal Processing Letters, 2002, 9(3): 81-84.

[56] Katkovnik V, Astola J. Phase retrieval via spatial light modulator phase modulation in 4F optical setup: Numerical inverse imaging with sparse regularization for phase and amplitude[J]. Journal of the Optical Society of America A, 2012, 29(1): 105-116.

[57] Goodman J W, Gustafson S C. Introduction to Fourier Optics[M]. New York: McGraw-Hill, 1996.

[58] 伍小燕, 于瀛洁, 周文静, 等. 压缩传感无透镜放大全息层析重建[J]. 光学学报, 2014, 34(s2): 09002-1-09002-8.

第6章　数字全息图非干涉法相位重建及其应用

干涉法和非干涉法是目前常用的两种相位重建方法。干涉法是经典的定量相位测量方法，包括数字波面干涉技术[1,2]、数字全息技术等[3,4]。干涉法要求物光波与参考光波有较高的相干性，对测量环境的隔振要求较高，同时高相干性光源会引入散斑噪声，从而影响测量精度。此外，基于干涉法的相位重建通常需要进行解包裹处理[5]，因此其轴向可重建的相位深度就会受到一定的限制。非干涉法是通过数字图像器件采集被测物体的强度信息，利用数值处理算法对强度信息进行重建得到相应的相位信息。非干涉法包括迭代法[6]和强度传输方程[7]技术。本章将强度传输方程技术应用于数字全息图的相位重建，以提升数字全息图对轴向大弧度相位的重建能力，而数字全息图的数值调焦功能又使得只需单幅全息图就可提供强度传输方程所需的聚焦及多幅离焦强度图像，从而避免光学系统中机械移动引起的误差。

6.1　强度传输方程技术发展概述

强度传输方程技术是一种非迭代的非干涉相位重建方法，其核心是以多幅聚焦和正负离焦强度图像为源数据，通过对一个描述相位和轴向强度导数的二次偏微分方程求解来得到相位。非干涉法的相位重建过程中未引入光的干涉，所以对实验环境的要求不高，其最大的特点在于无须进行解包裹处理，可直接获得唯一的相位解；不足之处在于采集多幅聚焦和离焦强度图像的实际操作过程中会不可避免地会引入机械位移误差，这会对相位重建结果的准确度产生影响。

强度传输方程是由 Teague[8]在 1983 年根据亥姆霍兹方程在傍轴近似条件下推导得出的一个二阶微分方程，后被用于光学显微光学技术领域[9]；1988 年强度传输方程首次得到实验验证[10]，被推广应用于自适应光学领域[11]以校正大气湍流引起的波前像差。随后，该方程先后应用于 X 射线衍射成像领域以实现薄碳箔相位成像[12]、人体脸颊上皮细胞与光纤的定量相衬成像[13]，并与相位断层扫描技术[14]结合逐渐广泛应用于细胞成像与生物医学领域[14,15]。

强度传输方程求解方法也在发展中不断完善。Roddier[16]提出雅可比迭代法，假设光波的振幅完全均匀，将偏微分方程表示的强度传输方程近似为泊松方程进行简化，可获得强度的轴向微分与波前相位曲率的关系。该方法强调边界条件在求解过程中的重要影响。Woods 等[17]提出用格林函数求解强度传输方程，但这是在区域边界条件已知的基础上进行的，实际应用中难以满足其要求的条件。Gureyev 等[18]通过数学方法证明强度传输方程在被测光场强度大于 0 的条件下的解是唯一的。Gureyev 等[19]提出在非经典边界条件下求解强度传输方程，把边界值简化成一个线性方程组，通过泽尼克多项式来求解强度传输方程，只通过一次矩阵即可快速、准确地获得相位重建结果。Gureyev 等[20]又指出在强度均匀分布的情况下，通过快速傅里叶变换可以有效地求解强度传输方程。Paganin 等[21]对快速傅里叶变换方法进行拓展，在强度分布不均匀的情况下也可以有效求解强度传输方程。从此，快速傅里叶变换成为求解强度传输方程最普遍的方法。多重网格法[22]是早期提出的另一种方法，在满足周期性边界条件的情况下，通过在空间域中迭代可以得到光强传输方程的精确解。后期又发展出很多改进方法，如完全多重网格方法[23]、共轭梯度法[24]、离散余弦变化法[25]和有限差分方法[26]等，都取得了不错的效果，减小了边界条件对求解结果的影响。

6.2　强度传输方程基本理论

6.2.1　亥姆霍兹方程

强度传输方程是一种非干涉相位重建的方法，其本质是光的电磁理论。光的电磁理论基础主要为麦克斯韦方程、波动方程和亥姆霍兹方程[27]。麦克斯韦方程组描述了电磁场中电感强度、电场强度、磁感应强度、磁场强度四个场矢量之间的关系，将变化的电场与变化的磁场紧密联系在一起，从而完善电磁场理论。从数学表达形式上，麦克斯韦方程组可写为微分形式：

$$\nabla \cdot D = \rho \tag{6.1}$$

$$\nabla \cdot B = 0 \tag{6.2}$$

$$\nabla \times E = -\frac{\partial B}{\partial t} \tag{6.3}$$

$$\nabla \times H = J + \frac{\partial D}{\partial t} \tag{6.4}$$

式中，ρ 表示电荷密度；J 表示传导电流密度；D 表示电感强度；E 表示电场强度；B 表示磁感应强度；H 表示磁场强度；$\frac{\partial D}{\partial t}$ 表示位移电流密度；∇ 为哈密顿运算符。

麦克斯韦方程组中矢量间的关系表达式为

$$D=\varepsilon E$$
$$B=\mu H \tag{6.5}$$
$$J=\sigma E$$

式中，μ 为介质的磁导率；ε 为介质的介电常数；σ 是电导率。

在同性均匀介质条件下，即 $\sigma=0$，μ 和 ε 为常数，可由麦克斯韦方程组推导得出波动方程：

$$\nabla^2 E - \varepsilon\mu\frac{\partial^2 E}{\partial t}=0$$

$$\nabla^2 H - \varepsilon\mu\frac{\partial^2 H}{\partial t}=0 \tag{6.6}$$

单色光在某一位置 P 和某一时刻 t 的光振动表达为

$$u(P,t)=a(P)\cos[2\pi vt - \varphi(P)] \tag{6.7}$$

式中，v 是光波的时间频率；$a(P)$ 是 $P(x, y, z)$ 点光振动的振幅；$\varphi(P)$ 是 $P(x, y, z)$ 点光振动由空间位置确定的初始相位；$2\pi vt$ 为由时间变量决定的相位；总相位由 $\varphi(P)$ 和 $2\pi vt$ 两部分组成。

若将 $\varphi(P)$ 和 $2\pi vt$ 分开，则可用复指数函数来表示光的复振幅，其数学表达式为

$$u(P,t)=\mathrm{Re}\left\{a(P)\exp\left\{-\mathrm{i}[2\pi vt - \varphi(P)]\right\}\right\} \tag{6.8}$$

$\varphi(P)$ 与 $a(P)$ 合并组成一个新的方程，得到

$$U(P)=a(P)\exp[\mathrm{i}\varphi(P)] \tag{6.9}$$

式中，$U(P)$ 表示单色光在位置 P 的复振幅，它由振幅 $a(P)$ 和空间位置确定的初相位 $\varphi(P)$ 两部分组成，与时间无关。

将 $U(P)$ 代入式(6.8)，得到光的复振幅分布为

$$u(P,t) = \mathrm{Re}[U(P)\exp(-\mathrm{i}2\pi vt)] \tag{6.10}$$

光的强度是其振幅 $a(P)$ 的平方，因此光强可以由复振幅表示，其数学表达式为

$$I(P) = |U(P)|^2 = UU^* \tag{6.11}$$

式中，* 表示共轭。

由于复指数函数在线性运算时和余弦函数是一样的，所以可将式(6.10)中的 $U(P)\exp(-\mathrm{i}2\pi vt)$ 代入波动方程得到亥姆霍兹方程。单色光均满足该方程。亥姆霍兹方程的数学表达式为

$$(\nabla^2 + k^2)U = 0 \tag{6.12}$$

式中，k 为波数，$k=2\pi/\lambda$。

6.2.2　强度传输方程的推导

强度传输方程是基于强度传输效应，反映相位分布对轴向某平面上强度的影响，以及彼此之间的定量关系。最初的强度传输方程是由傍轴波动方程推导得出的，目前应用的强度传输方程则主要是由坡印廷定理推导得出的。

1. 利用傍轴波动方程推导强度传输方程[8]

当一束单色光波沿着 z 轴传播时，复振幅的数学表达式为

$$u(x,y,z) = \sqrt{I(x,y,z)}^{\,\mathrm{i}\varphi(x,y,z)} \tag{6.13}$$

式中，$u(x,y,z)$ 为光波复振幅；$I(x,y,z)$ 为光波的强度(下文简写为 I)；$\varphi(x,y,z)$ 为光波的相位(下文简写为 φ)。

将式(6.13)代入亥姆霍兹方程，可得

$$\frac{\partial^2 u}{\partial x^2} + \frac{\partial^2 u}{\partial y^2} + \frac{\partial^2 u}{\partial z^2} + 2\mathrm{i}k\frac{\partial u}{\partial z} = 0 \tag{6.14}$$

在傍轴近似的条件下，$u(x,y,z)$ 是关于 z 的缓变函数，即

$$\left| 2k\frac{\partial u}{\partial z} \right| \gg \left| \frac{\partial^2 u}{\partial z^2} \right| \tag{6.15}$$

因此，由式(6.13)近似可得傍轴波动方程：

$$(2\mathrm{i}k\partial_z + \Delta)u(x,y,z) = 0 \tag{6.16}$$

式中，$\partial_z = \partial/\partial z$ 为轴向光强导数；Δ 为二维拉普拉斯运算符，$\Delta = \nabla^2 = \partial_x^2 + \partial_y^2$，$\nabla$ 为哈密顿运算符，$\nabla = (\partial_x, \partial_y)$。

$u(x,y,z)$ 在 x 方向的一维偏导表达式为

$$\partial_x u(x,y,z) = \frac{1}{2}I^{-1/2} \cdot \partial_x I \cdot \mathrm{e}^{\mathrm{i}\varphi} + I^{1/2}\mathrm{e}^{\mathrm{i}\varphi} \cdot \mathrm{i} \cdot \partial_x \varphi \tag{6.17}$$

$u(x,y,z)$ 在 x 方向的二维偏导表达式为

$$\partial_x^2 u(x,y,z) = -\frac{1}{4}I^{-3/2} \cdot \partial_x I \cdot \mathrm{e}^{\mathrm{i}\varphi} + \frac{1}{2}I^{-1/2} \cdot \partial_x^2 I \cdot \mathrm{e}^{\mathrm{i}\varphi}$$
$$+ \mathrm{i} \cdot I^{-1/2} \cdot \partial_x I \cdot \partial_x \varphi \cdot \mathrm{e}^{\mathrm{i}\varphi} - I^{\frac{1}{2}} \cdot \mathrm{e}^{\mathrm{i}\varphi} \cdot (\partial_x \varphi)^2 + I^{1/2} \cdot \mathrm{e}^{\mathrm{i}\varphi} \cdot \mathrm{i} \cdot \partial_x^2 \varphi \tag{6.18}$$

同理可求 $u(x,y,z)$ 在 y 方向的一维偏导数、二维偏导数和在 z 方向的一维偏导数。$u(x,y,z)$ 的共轭函数为

$$u^*(x,y,z) = I^{1/2}\exp[-\mathrm{i}\varphi(x,y,z)] \tag{6.19}$$

用 $u^*(x,y,z)$ 与傍轴波动方程的乘积减去 $u(x,y,z)$ 与傍轴波动方程共轭的乘积，可得

$$2\mathrm{i}k\cdot\partial_z I+2\mathrm{i}\cdot\partial_x I\cdot\partial_x\varphi+2I\cdot\mathrm{i}\cdot\partial_x^2\varphi+2\mathrm{i}\cdot\partial_y I\cdot\partial_y\varphi+2I\cdot\mathrm{i}\cdot\partial_y^2\varphi=0 \tag{6.20}$$

化简后可得

$$-2kI^2\frac{\partial I}{\partial z}=\frac{1}{2}I\nabla^2 I-\frac{1}{4}(\nabla I)^2-I^2(\nabla\varphi)^2+kI^2 \tag{6.21}$$

这是根据傍轴波动方程推导得到的强度传输方程，该方程的阶次较高，难以直接应用。

2. 利用坡印廷定理推导强度传输方程[28]

坡印廷矢量(Poynting vector)是指电磁场中的能流密度矢量，描述的是电磁场能量守恒定理。设空间某处的电场强度为 E，磁场强度为 H，该处电磁场的能流密度为 $S=E\times H$，方向由 E 和 H 按右手螺旋定则确定，大小为 $S=EH\sin\theta$，表示单位时间内通过垂直单位面积的能量，单位为 W/m^2。

对于频率为 ω 的单色光相干场，在傍轴情况下，时间平均坡印廷矢量表达式的横向分量为

$$\langle S_h\rangle=\frac{1}{2}\mathrm{Re}\{E\times H^*\}=-\frac{1}{2\omega\mu}I\nabla\varphi \tag{6.22}$$

其轴向分量为

$$\langle S_z\rangle=-\frac{k}{2\omega\mu}I \tag{6.23}$$

结合式(6.22)和式(6.23)，在傍轴情况下，可得时间平均坡印廷矢量表达式为

$$\langle S\rangle=\left\{-\frac{1}{2\omega\mu}I\nabla\varphi,-\frac{1}{2\omega\mu}I\right\} \tag{6.24}$$

坡印廷定理表明，在电磁场中坡印廷矢量的外法向分量的闭面积分，等于闭合面所包围的体积中所储存的电场能和磁场能的衰减率减去容积中转化为热能的电能耗散率。对于由闭合曲面 S 所限定的体积 V，电源外区域的积分形式的坡印廷定理表达式为

$$-\oint_S(E\times S)\,\mathrm{d}S=\frac{\partial}{\partial t}\int_V\left(\frac{1}{2}B\times H+\frac{1}{2}D\times E\right)\mathrm{d}V+\int_V EJ_\mathrm{c}\mathrm{d}V \tag{6.25}$$

其含义是垂直穿过闭合面 S 进入体积 V 的功率，等于体积内电磁储能的增长功率与由传导电流 J_c 引起的功率损耗之和。

坡印廷定理的微分形式为

$$\nabla\cdot(E\times H)=E_\mathrm{e}\times J_\mathrm{c}-\frac{\partial W}{\partial t}-\frac{J_\mathrm{c}^2}{\sigma} \tag{6.26}$$

式中，E_e 为电源中的局外场强。

在自由空间传播时，体积 V 中没有热耗与外源，坡印廷定理可以简单地表示为

$$\oint_S \langle S \rangle \mathrm{d}s = 0 \tag{6.27}$$

对应的微分形式为

$$\nabla \cdot \langle S \rangle = 0 \tag{6.28}$$

将式(6.25)代入式(6.28)，可得

$$\frac{1}{2\omega\mu}\nabla \cdot (I\nabla\varphi) - \frac{k}{2\omega\mu}\frac{\partial I}{\partial z} = 0 \tag{6.29}$$

将其简化可得

$$-k\frac{\partial I}{\partial z} = \nabla \cdot (I\nabla\varphi) \tag{6.30}$$

式(6.30)即利用坡印廷定理推导的光强传输方程，也是基于强度传输方程技术实现相位重建的常用方程。

6.2.3　强度传输方程的傅里叶变换求解

快速傅里叶变换法是强度传输方程主流的求解方法。

强度传输方程的基本式为

$$\frac{\partial I(x)}{\partial z} = -\frac{1}{k}\nabla_x \cdot \left[I(x)\nabla_x\varphi(x) \right] \tag{6.31}$$

扩展到三维空间可得

$$\nabla_\perp \cdot \left[I(r_\perp, z)\nabla_\perp\varphi(r_\perp, z) \right] = -k\partial_z I(r_\perp, z) \tag{6.32}$$

式中，$\nabla_\perp$ 为 x-y 平面上作用的梯度算子；$r_\perp$ 为 x-y 平面上垂直于 z 轴的一个矢量；$\partial_z I(r_\perp, z)$ 为光波传播方向上的强度微分。

强度传输方程的基本式适用于任一点强度都大于零，即相位是连续的情况。如果存在强度等于零的点，相位图中可能会存在断点，那么方程(6.31)可能不会有唯一的解。

傅里叶变换法是基于亥姆霍兹方程的近似求解算法，式(6.32)在傅里叶变换法的基础上可得

$$I(r_\perp, z)\nabla_\perp\varphi(r_\perp, z) = \nabla_\perp\psi(r_\perp, z) + \left[\nabla_x \times A(r_\perp, z) \right] \tag{6.33}$$

忽略旋度后简化为

$$\nabla_\perp^2\psi(r_\perp, z) = -k\partial_z I(r_\perp, z) \tag{6.34}$$

方程 $f(x, y)$ 关于 x 和 y 的 n 阶偏微分傅里叶变换可表达为

$$F\left[\partial_x^n f(x, y) \right] = \mathrm{i}^n q_x^n F\left[f(x, y) \right] \tag{6.35}$$

式中，F 表示傅里叶变换；q_x 为傅里叶空间随 x 变化的变量。

对于 y 方向，也同样适用上述分析，可得

$$\nabla_\perp^2 f(x,y) = i\overline{x}F^{-1}q_xF\left[f(x,y)\right] + i\overline{y}F^{-1}q_yF\left[f(x,y)\right] \tag{6.36}$$

式中，$\overline{x}$ 和 $\overline{y}$ 分别为 x 方向的单位矢量和 y 方向的单位矢量，即

$$\nabla_\perp^2 f(x,y) = -F^{-1}(q_x^2 + q_y^2)F\left[f(x,y)\right] = -F^{-1}q_\perp^2 F\left[f(x,y)\right] \tag{6.37}$$

这里，F^{-1} 表示傅里叶逆变换。

将式(6.37)代入式(6.34)，可得

$$\psi(x,y,z) = F^{-1}q_\perp^{-2}F\left[k\partial_z I(x,y,z)\right] \tag{6.38}$$

式中，$q_\perp$ 为矢量 $r_\perp$ 在傅里叶空间的对应矢量。

相位 $\varphi(x,y,z)$ 的满足条件为

$$\nabla_\perp^2 \varphi(x,y,z) = \nabla_\perp\left[I^{-1}(x,y,z)\nabla_\perp\psi(x,y,z)\right] \tag{6.39}$$

结合式(6.37)，计算可得

$$\varphi(x,y,z) = -F^{-1}q_\perp^2 F^{-1}\left\{\nabla\left[I^{-1}(x,y,z)\nabla\psi(x,y,z)\right]\right\} = F^{-1}\left[\frac{1}{k_x^2 + k_y^2}F\left(\frac{k}{I}\frac{\partial I}{\partial z}\right)\right] \tag{6.40}$$

式中，k_x 和 k_y 为 x 和 y 方向上的空间频率；$\partial I / \partial z$ 为强度的轴向微分估计，则

$$\frac{\partial I}{\partial z} \approx \frac{I(+\Delta z) - I(-\Delta z)}{2\Delta z} \tag{6.41}$$

式中，$I(+\Delta z)$ 和 $I(-\Delta z)$ 分别表示离焦距离为 Δz 的正强度分布和负强度分布。

综上，用傅里叶变换法求解强度传输方程主要分为以下步骤：①用 CCD 采集聚焦强度图像和正、负离焦强度图像，根据式(6.31)求得强度微分 $\partial_z I$；②依据 $\psi(x,y,z) = F^{-1}q_\perp^{-2}F\left[k\partial_z I(x,y,z)\right]$ 求得 $\psi(x,y,z)$；③根据 $\varphi(x,y,z) = -F^{-1}q_\perp^2 \cdot F^{-1}\left\{\nabla\left[I^{-1}(x,y,z)\nabla\psi(x,y,z)\right]\right\}$ 求得最终相位 $\varphi(x,y,z)$。

6.3 强度传输方程技术中的 4F 光学成像系统

由理论分析可知，基于强度传输方程实现相位重建需要采集至少两幅离焦强度图像，其中离焦强度图常采用 4F 光学成像系统或显微镜成像系统进行采集。

4F 光学成像系统的光路结构如图 6.1 所示，该系统由光源、准直透镜、变换透镜 L_1 和成像透镜 L_2 等组成。点光源发出的光束经过准直透镜后变为平行光，平行光透过放置于变换透镜前焦点处的物体样本后再透过变换透镜和成像透镜，最后到达像平面。沿光轴移动图像采集器件(如 CCD)或被测物体，就可以采集到聚焦面和不同离焦面的强度信息。

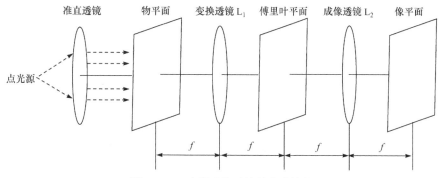

图 6.1 4F 光学成像系统的光路结构

显微镜成像系统虽然在成像光路上略有不同，但依然也需要移动图像采集器件或者物体，因此不可避免地会引入机械误差。为避免这些机械操作，不同的光学成像系统被提了出来。例如，利用复用体全息图[29]，将被测物体放在 4F 光学成像系统的前焦点处，体全息存储光栅放在傅里叶平面处，布拉格光栅中的每一个复用光栅都与物空间内不同的深度相匹配，并衍射到不同的载波空间频率，因此轴向不同平面的信息会被透镜投射到像平面上的不同位置，从而可直接获得两幅或多幅强度图像；在 4F 光学成像系统的傅里叶平面处放置空间光调制器[30]，调节空间光调制器上的图案改变物光波的传播距离，也可获得不同离焦距离的强度图像；把液体变焦透镜[31]放置于 4F 光学成像系统的傅里叶平面处，通过调节变焦透镜改变被测物体的像平面，可以采集到不同离焦的强度图像。

6.4 数字全息图非干涉法相位重建

数字全息相位重建和强度传输方程相位重建是两种不同的相位重建方法。数字全息相位重建法虽然只需采集单幅数字全息图，但获得的是包裹相位。强度传输方程相位重建法虽避免了相位解包裹操作，但通常需要采集多幅聚焦和离焦强度图。本节将介绍基于强度传输方程实现单幅数字全息图相位重建的方法。

6.4.1 数字全息成像与 4F 光学成像

图 6.2 为数字全息技术中物平面、全息平面和像平面的空间示意图。可对照图 6.1 所示的 4F 光学成像系统，分析两者的成像原理。4F 光学成像系统基于阿贝成像原理，即被测物的衍射波被两个透镜两次实现傅里叶变换后相干叠加成像；而全息图中的物光波为被测物体在记录平面上的衍射波，数值衍射重建实为傅里叶变换。因此，通过 4F 光学成像系统获得强度图像和由单幅数字全息重建得到强度图像在本质上均为衍射波成像，数学过程表现为傅里叶变换，只是前者基于

4F 光学成像系统中的硬件(透镜)实现，后者是通过数值处理方式实现，且设置不同的重建距离值可以实现全息图数值重建结果的聚焦和离焦，所以利用全息图数值重建获得的强度信息是可以满足强度传输方程相位重建条件的。

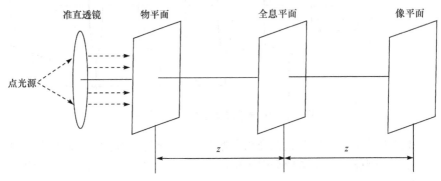

图 6.2　数字全息成像空间示意图

图 6.3 为全息图基于不同重建距离条件获得不同重建平面的光路示意图，也表明了全息图相位基于强度传输方程非干涉重建的基本原因，即用单幅全息图就能为强度传输方程提供所需要的聚焦强度信息和离焦强度信息，而强度信息中包含了相位信息。其基本思路如下：首先利用卷积积分算法对全息图进行数值重建，获得聚焦和离焦强度信息，即聚焦平面(P_3)、正负离焦平面(P_4、P_5)上的物光波复振幅；然后把聚焦强度信息和离焦强度信息代入强度传输方程，计算轴向偏微分，获得重建相位。

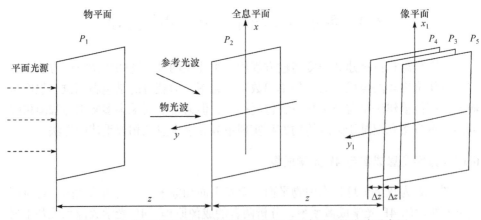

图 6.3　全息图基于不同重建距离获得不同重建平面的光路示意图

6.4.2　数字全息图数值调焦功能分析

由于数字全息图具有数值调焦功能，基于单幅数字全息图强度传输方程的相位重建方法，可以避免因调节微位移平台等操作而引入的机械误差。本节对数字全息图的数值调焦功能进行简单分析，以验证其是否可以提供连续可调的离焦强度重建结果。

以标准分辨率板 USAF 为实验样本，记录同轴全息图，记录距离为 121mm，如图 6.4 所示。利用卷积积分算法完成数字全息图的数值重建，得到聚焦平面及各离焦平面上的强度图，部分结果如图 6.5 所示。其中，图 6.5(a) 为聚焦平面强度图(离焦距离为 0mm)，图 6.5(b)～(g) 为离焦距离依次是 0.1mm、0.2mm、0.5mm、-0.1mm、-0.2mm、-0.5mm 的重建强度图。

图 6.4 标准分辨率板 USAF 的同轴全息图

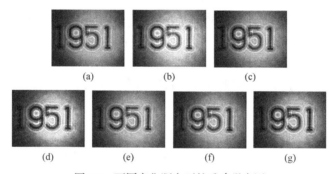

(a)   (b)   (c)

(d)   (e)   (f)   (g)

图 6.5 不同离焦距离下的重建强度图

为表明数字全息技术的数字调焦功能，设置重建距离为 119～123mm，间隔为 0.1mm，循环重建数字全息图，并计算不同重建距离的强度与聚焦平面上的强度之间的相关系数，得到如下结论：①数字全息图的确具有连续调焦功能，在数据量和计算时间允许的条件下，离焦间距可以任意选择；②离焦间距越大，强度分布彼此之间的相关系数越小，且等距的正负离焦平面上的强度分布相关系数基本一致，呈对称分布[32]。

6.4.3 数字全息图非干涉法相位重建过程

全息图卷积积分的数值重建表达式为

$$O(x_1, y_1) = F^{-1}[F(I_H \cdot r) \cdot F(g)] \tag{6.42}$$

式中，$O(x_1, y_1)$ 为重建原始物光波；I_H 为全息图；r 为参考光波；g 为变换函数，表达式如下：

$$g(\xi,\eta) = \frac{i}{\lambda}\frac{\exp\left[-i\frac{2\pi}{\lambda}\sqrt{\xi^2+\eta^2+z^2}\right]}{\sqrt{\xi^2+\eta^2+z^2}}$$ (6.43)

式中，(ξ,η) 为全息平面；z 是重建距离，通过改变 z 的值，可以得到不同平面上像的复振幅。

数值重建获得原始物光波后，可计算获得复振幅包含的相位信息 $\varphi(x_1,y_1)$，即

$$\varphi(x_1,y_1) = \arctan\left\{\frac{\mathrm{Im}\left[O(x_1,y_1)\right]}{\mathrm{Re}\left[O(x_1,y_1)\right]}\right\}$$ (6.44)

因此当被测样本相位值大于 2π 时，得到的是包裹相位，需要通过解包裹获得物体的实际相位。当超过一定的相位值时，解包裹算法将无效。

同样原始物光波复振幅中包含的强度信息 $I(x_1,y_1)$ 也可计算得到，即

$$I(x_1,y_1) = \left|O(x_1,y_1)\right|^2$$ (6.45)

而采用坡印廷定理推导得到的强度传输方程表达为

$$\Delta(I\nabla\varphi) = -\frac{2\pi}{\lambda}\frac{\partial I}{\partial z}$$ (6.46)

则可利用快速傅里叶变换法求解方程，获得相位分布为

$$\varphi = F^{-1}\left[\frac{1}{k_x^2+k_y^2}F\left(\frac{k}{I}\frac{\partial I}{\partial z}\right)\right]$$ (6.47)

式中，I 为离焦平面 P_4 的强度分布；轴向微分 $\partial I/\partial z$ 的计算过程为

$$\frac{\partial I}{\partial z} \approx \frac{I(x_1,y_1,z+\Delta z)-I(x_1,y_1,z-\Delta z)}{2\Delta z} = \frac{I(P_5)-I(P_4)}{2\Delta z}$$ (6.48)

这里，$I(P_5)$ 和 $I(P_4)$ 均可由式(6.45)计算得到。

6.4.4 数字全息图非干涉法相位重建最优离焦距离分析

模拟生成一个单峰结构作为原始物光波相位，如图 6.6(a) 所示，最大相位值为 2π。模拟生成的全息图如图 6.6(b) 所示，记录距离为 60mm，像素尺寸为 4.65μm，全息图尺寸为 400 像素×400 像素，参考光波均为平面波。

在利用强度传输方程进行相位重建的过程中，轴向强度微分的估计是通过两幅离焦强度图进行有限差分计算得到的，计算过程中只有离焦距离可以改变。在完全没有噪声的理想状态下，离焦距离越小，重建效果越好。但是现实中噪声难以避免，离焦距离越大，非线性误差就越大，轴向强度微分计算精度下降，重建相位误差较大；离焦距离越小，噪声对重建结果的影响越大。因此，需要寻求一

个最佳离焦距离来平衡相位重建精度与噪声之间的矛盾。

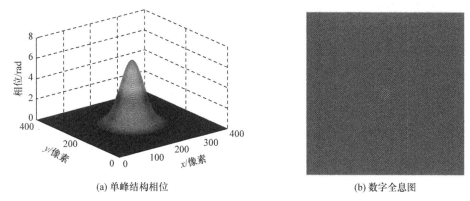

(a) 单峰结构相位　　　　　　　　　　　　　(b) 数字全息图

图 6.6　模拟的原始物光波及数字全息图

依据 6.4.3 节所述数字全息图的非干涉法相位重建过程,在离焦距离为 0.5mm、1mm 和 1.5mm 时分别进行原始物光波的相位重建,并取原始相位和各重建相位的中心截面,如图 6.7 所示。

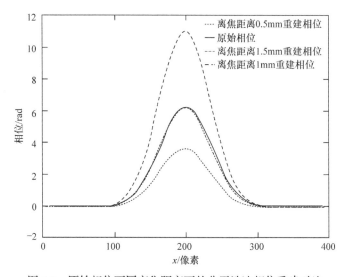

图 6.7　原始相位不同离焦距离下的非干涉法相位重建对比

计算三种情况下的最大相位值重建误差,得到

$$最大相位重建误差(Re\_error) = \frac{\max(重建相位) - \max(原始相位)}{\max(原始相位)} \times 100\% \quad (6.49)$$

离焦距离为 1mm 时最大相位重建误差为 0.4%,离焦距离为 0.5mm 时最大相位重建误差为 51.0%,离焦距离为 1.5mm 时最大重建相位值大于原始最大相位值,

重建误差为 48.6%。初步表明在强度传输方程非干涉相位重建过程中，离焦距离与重建误差之间不表现为线性关系，即并非离焦距离越小，重建误差就越小。

通过增加不同的相位结构样本来进一步分析离焦距离的最优选取[33]。第一个相位样本保持单峰结构不变，相位最大值由 2π 降低至 π；第二个相位样本为双峰结构，相位最大值保持为 π；第三个相位样本为多峰结构，相位最大值为 2π。同样选取 0.5mm、1mm 和 1.5mm 三个离焦距离，分别对三个样本重复上述单幅全息图非干涉法相位重建操作，得到各自在三种离焦距离下的相位重建结果和重建误差[33]。结果表明，选取 1mm 离焦距离总能得到最佳的相位重建结果。

6.4.5　数字全息图非干涉法相位重建精度分析

针对单峰结构和三峰结构相位分布分别生成数字全息图，分析强度传输方程非干涉法的相位重建精度。全息图记录距离为 60mm，像素尺寸为 4.65μm，全息图尺寸为 400 像素×400 像素，参考光波均为平面波。为了与传统全息技术相位重建精度进行比较，特设定以下两种情况。

1) 最大相位值为 π

两种相位结构的原始物光波相位分布分别如图 6.8(a)和(b)所示。两物光波中心点的相位均为最大相位值，且等于 π。

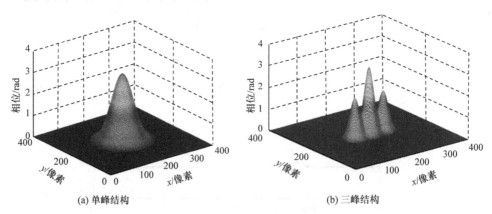

(a) 单峰结构   (b) 三峰结构

图 6.8　最大相位值为 π 的原始物光波相位分布

基于传统全息技术中的卷积积分算法和强度传输方程算法分别完成相位重建，再采用式(6.48)分别计算各相位分布中心点的最大相位值的重建误差，得到单峰结构的最大相位重建误差分别为 0.4%(卷积积分重建)和 0.43%(强度传输方程重建)，三峰结构的相位重建误差分别为 0.24%(卷积积分重建)和 0.52%(强度传输方程重建)。可见当最大相位值小于 2π 时，两种相位重建方法对简单及复杂相位结构均具有相同的重建能力。

2) 最大相位值大于 2π

仅针对图 6.8(a) 所示的单峰结构进行相位重建，最大相位值增大至 6π。基于传统全息技术中的卷积积分算法和强度传输方程算法分别完成相位重建，结果如图 6.9 所示。图 6.9(a) 为卷积积分重建结果，图 6.9(b) 为强度传输方程重建结果。可见当相位大于 2π 时，传统全息技术的卷积积分算法获得的是包裹相位，而强度传输方程重建算法是直接重建获得真实相位，基于式(6.49)计算强度传输方程的相位重建误差为 0.36%。

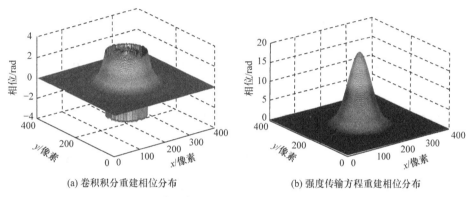

(a) 卷积积分重建相位分布　　　　　　　(b) 强度传输方程重建相位分布

图 6.9　最大相位值为 6π 的单峰样本相位重建结果

继续分别对图 6.8(a)和(b)所示的单峰结构和三峰结构相位增加最大相位值，其他模拟参数保持不变，分析强度传输方程的重建误差。汇总不同面形和不同相位值的重建误差于表 6.1，其中 Re_error(1)、Re_error(2)分别表示三峰结构和单峰结构相位的重建误差。

表 6.1　不同面形和不同相位值的重建误差

$\max(\varphi(x, y))$/rad	Re_error(1)/%	Re_error(2)/%
π	0.5	0.5
2π	0.6	0.6
4π	2.1	0.3
10π	7.2	0.5
14π	10.8	0.6
18π	30	0.4

综上所述，当被测样本的最大相位值小于 2π 时，传统全息技术的卷积积分重建算法和强度传输方程重建算法均可得到高精度的相位重建结果；当最大相位值大于 2π 时，利用强度传输方程重建算法可直接得到原始物光波相位，重建精度随相位值的增加而降低。

6.5　单幅全息图非干涉法重建实验

6.5.1　基于单光束同轴全息图的锥形光纤三维轮廓重建

　　本节用一小截锥形光纤作为实验样本，构建单光束同轴光路系统，按照强度传输方程重建算法实现单幅全息图的相位重建过程，开展同轴全息图相位重建实验，如图 6.10 所示。其中，①为锥形光纤的轮廓示意图，由锥腰区、常规区和锥形过渡区组成；②为单光束同轴全息图记录系统示意图；③为单光束同轴全息图记录光路系统照片；④为采集得到的锥形光纤单幅数字全息图；⑤为对单幅全息图利用传统全息算法重建获得的三幅强度图，重建离焦距离分别 0 和±0.1mm。

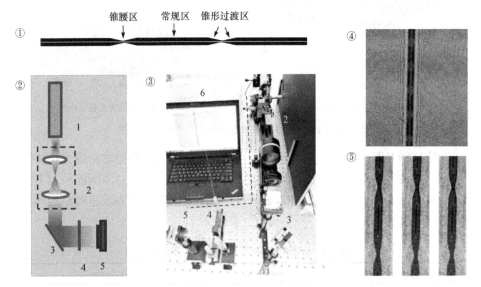

1-激光器；2-扩束准直系统；3-反射镜；4-被测样本；5-CCD；6-计算机

图 6.10　基于同轴全息图的锥形光纤三维轮廓非干涉法重建

　　将重建强度信息代入强度传输方程，利用傅里叶变换法求解方程，获得锥形光纤轮廓图。对应其轮廓分布，锥形结构清晰，符合实际特征，可见光纤相位信息得到准确的重建。直接利用传统全息技术的卷积积分法也可获得相位重建结果，但由于全息像平面上同时包含零级像和共轭像，重建相位信息中包含了明显的噪声。实验结果证明强度传输方程重建算法可以实现单幅全息图的相位重建，同时由于数字全息图的数字调焦功能，强度传输方程相位重建所需强度信息的获取更加便捷、灵活。所有实验结果可查阅文献[32]。

6.5.2　基于离轴全息图的大尺寸透镜梯度折射率重建

本节以直径为 1.8mm 的梯度折射率透镜(GRIN 2906，Thorlabs 公司提供)作为大尺寸样本，开展用强度传输方程重建算法实现离轴全息图相位重建的实验。

为避免 GRIN 2906 透镜的衍射效应，采集过程中需要把透镜置于大豆油中，因此依据马赫-曾德尔干涉原理构建竖立式数字离轴全息图记录系统，如图 6.11 所示。激光器发出的激光经过扩束准直系统和光阑后获得强度分布均匀的平行光，随后被分光棱镜分成两束：一束光继续传播后被反射镜反射向下垂直传播，经过水平放置载物平台上的被测样本后形成携带物体信息的物光波；另一束光经过分光棱镜后向下垂直传播，再经过反射镜水平传播作为参考光波，物光波和参考光波通过分光棱镜汇合并入射至 CCD，在 CCD 感光面上干涉形成数字全息图，由计算机对数字全息图进行处理。其中，氦氖激光器光源波长为 633nm，CCD 感光面的面径尺寸为 1944 像素×2592 像素，像素尺寸为 2.22μm，被测样本 GRIN 2906 透镜放置在自制大豆油槽中，大豆油的折射值为 1.4743，近似等于透镜的边缘折射率值。

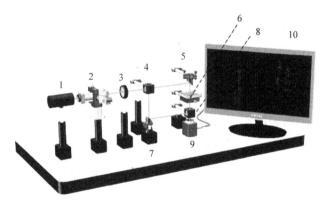

1-氦氖激光器；2-扩束准直系统；3-光阑；4, 8-分光棱镜；5-反射镜；
6-载物平台；7-反射镜；9-CCD；10-计算机

图 6.11　竖立式数字离轴全息图记录系统示意图

首先以标准分辨率板 USAF 为标准样本分析单幅全息图的强度信息重建精度。选择中心含有标准线宽数据的区域采集全息图，如图 6.12 所示。

图 6.13(a) 为记录的数字全息图，图 6.13(b) 为重建的聚焦强度图。对图 6.13(b) 中的白线所占宽度进行计算，即线长所占据的像素点数目乘以像素尺寸，得到图中(2,2)和(2,3)位置的线长分别为 558.8μm 和 497.2μm。对照分辨率板的标准数据计算得到相应区域的标准值应分别为 556.8μm 和 496μm，计算线宽重建误差分别为 0.3%和 0.2%，由此表明单幅全息图可以为强度传输方程相位重建提供高精度的强度信息。

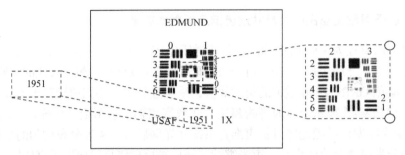

图 6.12　标准分辨率板 USAF

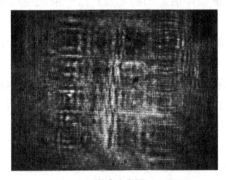 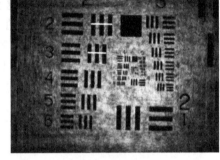

(a) 数字全息图　　　　　　　　　　　　　(b) 重建强度图

图 6.13　标准分辨率板 USAF 的数字全息图和重建强度图

　　然后选择梯度折射率透镜 GRIN 2906 作为大尺寸相位实验样本，透镜的外观结构及径向梯度折射率分布曲线如图 6.14 所示。其中，图 6.14(a) 所示的 GRIN 2906 透镜为圆柱体结构，径向直径为 1.8mm，轴向长度为 2.4mm，径向中心折射率为 1.607。透镜任一点处的折射率 n_R 是半径的函数，可以表达为

$$n_R \approx 1.6073 \times (1 - 0.09234 \times d_r^2) \tag{6.50}$$

式中，d_r 是透镜半径上任一点到透镜中心的距离，其径向折射率沿半径的整体分布如图 6.14(b) 所示，透镜边缘折射率约为 1.53。

　　图 6.15(a)～(d) 分别为采集的数字全息图、重建聚焦强度图以及±1mm 离焦强度图。

　　利用图 6.15(b)～(d) 所示强度图进行强度传输方程相位重建，结果如图 6.16 所示。其中，图 6.16(a) 为重建相位(对无效区域进行了滤波处理)，沿图中白色虚线进行截面提取，并将横坐标转化为透镜的半径，以透镜中心为横坐标坐标，则可获得截图如图 6.16(b) 所示。图中，曲线分布可表征为径向折射率分布，但需要进行进一步的数字量化映射处理。

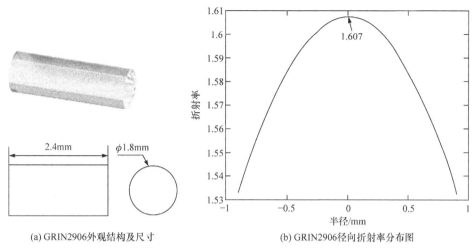

(a) GRIN2906外观结构及尺寸　　　　　　　(b) GRIN2906径向折射率分布图

图 6.14　GRIN 2906 透镜外观结构及其径向折射率分布

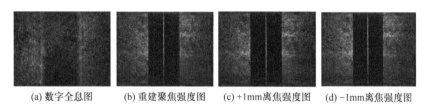

(a) 数字全息图　　(b) 重建聚焦强度图　　(c) +1mm离焦强度图　　(d) −1mm离焦强度图

图 6.15　GRIN 2906 透镜数字全息图及重建强度图

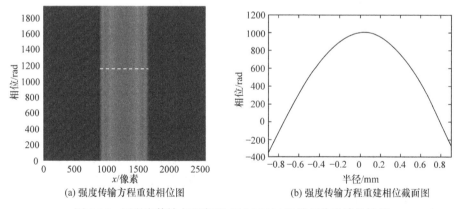

(a) 强度传输方程重建相位图　　　　　　　(b) 强度传输方程重建相位截面图

图 6.16　用强度传输方程实现 GRIN 2906 透镜相位重建的结果

　　下面分析重建相位分布与折射率分布之间的定量映射关系，计算 GRIN 2906 透镜的梯度折射率分布。众所周知，重建相位和光波经过梯度透镜径向不同位置时产生的光程差是对应的，即

$$\varphi = \frac{2\pi}{\lambda} \text{OPD} \tag{6.51}$$

式中，φ 为重建相位分布；OPD 为重建相位对应的光程差。

式(6.51)表明重建相位实际包含两部分，一部分是梯度折射率材料的内部折射率分布，另一部分是梯度折射率透镜的实际几何尺寸。图 6.17(a) 所示梯度折射率透镜的几何结构及光波传递示意图表明，光波垂直传递透镜时将沿同心圆的弦长路径传播。

设 L_r 为沿径向半径尺寸变化的弦长，n_R 为透镜沿径向的折射率分布，考虑透镜的对称性结构，有

$$n_R = \frac{\lambda\varphi}{\pi L_r} \tag{6.52}$$

利用重建相位分布和已知的梯度透镜几何尺寸，依据式(6.52)计算获得透镜的径向折射率分布，如图 6.17(b) 所示，其最大折射率值为 1.594；同时根据 Thorlabs 公司提供的 GRIN 2906 透镜折射率的理论参数和式(6.50)，计算获得透镜的参考折射率分布，如图 6.17(b) 所示，其最大折射率值为 1.607。

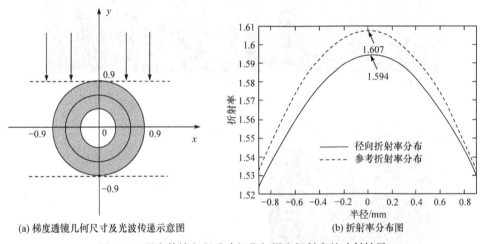

(a) 梯度透镜几何尺寸及光波传递示意图　　　　　　(b) 折射率分布图

图 6.17　强度传输方程重建相位与梯度折射率的映射结果

对比强度传输方程相位重建算法获得的径向折射率分布和参考折射率分布，其最大折射率值的重建误差为 0.8%，且在透镜边缘位置上也存在差异，主要是因为实验中大豆油的折射率值小于透镜边缘的折射率值。但整体而言，实验重建 GRIN 2906 透镜的径向折射率分布与参考折射率分布是一致的，表明强度传输方程重建算法可以实现大尺寸样本的离轴全息图相位重建。因此，将数字全息技术与强度传输方程重建算法相结合，的确有效避开了两者的弊端，发挥了各自的优势。

参 考 文 献

[1] 何勇. 数字波面干涉技术及其应用研究[D]. 南京: 南京理工大学, 2003.

[2] 董大年, 杨国光, 曹天宁, 等. 用于光学表面检测的数字波面干涉仪[J]. 仪器仪表学报, 1987, 8(3): 253-261.

[3] Schnars U, Jüptner W P O. Digital recording and numerical reconstruction of holograms[J]. Measurement Science and Technology, 2002, 13(9): 85-101.

[4] Osten W, Faridian A, Gao P, et al. Recent advances in digital holography[J]. Applied Optics, 2014, 53(27): G44-G63.

[5] Liu S, Xiao W, Pan F, et al. Complex-amplitude-based phase unwrapping method for digital holographic microscopy[J]. Optics and Lasers in Engineering, 2012, 50(3): 322-327.

[6] Liu Y H, Yu H, Li F J, et al. Speed up of minimum discontinuity phase unwrapping algorithm with a reference phase distribution[J]. Optics Communications, 2018, 417: 97-102.

[7] Glugla D J, Chosy M B, Alim M D, et al. Transport-of-intensity-based phase imaging to quantify the refractive index response of 3D direct-write lithography[J]. Optics Express, 2018, 26(2): 1851-1868.

[8] Teague M R. Deterministic phase retrieval: A Green's function solution[J]. Journal of the Optical Society of America, 1983, 73(11): 1434-1441.

[9] Streibl N. Phase imaging by the transport equation of intensity[J]. Optics Communications, 1984, 49(1): 6-10.

[10] Ichikawa K, Lohmann A W, Takeda M. Phase retrieval based on the irradiance transport equation and the Fourier transform method: Experiments[J]. Applied Optics, 1988, 27(16): 3433-3436.

[11] François R. Curvature sensing and compensation: A new concept in adaptive optics[J]. Applied Optics, 1988, 27: 1223-1225.

[12] Nugent K A, Gureyev T E, Cookson D J, et al. Quantitative phase imaging using hard X rays[J]. Physical Review Letters, 1996, 77(14): 2961-2964.

[13] Barty A, Nugent K A, Paganin D, et al. Quantitative optical phase microscopy[J]. Optics Letters, 1998, 23(11): 817-819.

[14] Barty A, Nugent K A, Roberts A, et al. Quantitative phase tomography[J]. Optics Communications, 2000, 175(99): 329-336.

[15] Li J, Chen Q, Sun J, et al. Multimodal computational microscopy based on transport of intensity equation[J]. Journal of Biomedical Optics, 2016, 21(12): 126003-1-126003-10.

[16] Roddier N A. Algorithms for wavefront reconstruction out of curvature sensing data[C]. Proceedings of SPIE, Active and Adaptive Optical Systems, San Diego, 1991: 120-129.

[17] Woods S C, Greenaway A H. Wave-front sensing by use of a Green's function solution to the intensity transport equation[J]. Journal of the Optical Society of America A, 2003, 20(3): 508-512.

[18] Gureyev T E, Roberts A, Nugent K A. Partially coherent fields, the transport-of-I ntensity equation, and phase uniqueness[J]. Journal of the Optical Society of America A, 1995, 12(9): 1942-1946.

[19] Gureyev T E, Nugent K A. Phase retrieval with the transport-of-intensity equation. II. Orthogonal series solution for nonuniform illumination[J]. Journal of the Optical Society of America A, 1996, 13(8): 1670-1682.

[20] Gureyev T E, Nugent K A. Rapid quantitative phase imaging using the transport of intensity equation[J]. Optics Communications, 1997, 133(1): 339-346.

[21] Paganin D, Nugent K A. Non-interferometric phase imaging with partially coherent light[J]. Physical Review Letters, 1998, 80(12): 2586-2589.

[22] Allen L J, Oxley M P. Phase retrieval from series of images obtained by defocus variation[J]. Optics Communications, 2001, 199(1): 65-75.

[23] 薛斌党, 郑世玲, 姜志国. 完全多重网格法求解光强度传播方程的相位恢复方法[J]. 光学学报, 2009, (6): 1514-1518.

[24] Xue B D, Zheng S L. Phase retrieval using the transport of intensity equation solved by the FMG-CG method[J]. Optik, 2011, 122(23): 2101-2106.

[25] Zuo C, Chen Q, Asundi A. Boundary-artifact-free phase retrieval with the transport of intensity equation: Fast solution with use of discrete cosine transform[J]. Optics Express, 2014, 22(8): 9220-9244.

[26] Zhang H B, Zhou W J, Liu Y, et al. Evaluation of finite difference and FFT-based solutions of the transport of intensity equation[J]. Applied Optics, 2018, 57(1): A222-A227.

[27] 郁道银, 谈恒英. 工程光学原理[M]. 北京: 机械工业出版社, 1983.

[28] Huang S Y, Xi F J, Liu C H, et al. Phase retrieval using eigenfunctions to solve transport-of-intensity equation[J]. Acta Optica Sinica, 2011, 31(10): 7-11.

[29] Waller L, Luo Y, Yang S Y, et al. Transport of intensity phase imaging in a volume holographic microscope[J]. Optics Letters, 2010, 35(17): 2961-2963.

[30] Almoro P F, Waller L, Agour M. Enhanced deterministic phase retrieval using a partially developed speckle field[J]. Optics Letters, 2012, 37(11): 2088-2090.

[31] Zuo C, Chen Q, Ou W J, et al. High-speed transport-of-intensity phase microscopy with an electrically tunable lens[J]. Optics Express, 2013, 21(20): 24060-24075.

[32] Zhou W J, Guan X F, Liu F F, et al. Phase retrieval based on transport of intensity and digital holography[J]. Applied Optics, 2018, 57(1): A229-A234.

[33] Zhou W J, Shen H X, Guan X F, et al. Simulation analysis on phase retrieval using transport of intensity with an off-axis hologram[C]. The 28th IEEE International Symposium on Industrial Electronics, Vancouver, 2019: 2419-2424.

第7章　深度学习在数字全息技术中的应用

随着图形处理技术的突破，深度学习技术也逐步应用于光学干涉条纹的处理及相位重建。例如，将深度学习应用于条纹模式分析[1]可提高相位解调的准确性，应用于相位解包裹可优化抗噪性能[2]，基于深度学习的端到端神经网络 eHoloNet[3] 可从单幅同轴数字全息图直接重建出物光波信息，提高了同轴数字全息技术的实际应用能力。激光光源的高相干性，也导致采集的数字全息图会受到散斑噪声的不良影响，散斑噪声会损坏图像的有效细节，降低图像信噪比，进而影响全息图的重建质量。本章主要利用深度学习技术消除光学系统采集的数字全息图中的散斑噪声，以获得高质量的全息图。

7.1　数字全息频谱卷积神经网络降噪方法和原理

传统光学降噪方法[4-7]是利用连续旋转照明光产生多重全息图，由此产生的一系列全息重建强度图中存在不同的散斑噪声，可通过对重建强度图进行适当的平均来降低散斑噪声。可见传统光学降噪方法需要较为严格的全息图采集过程，不利于数字全息技术动态特性的体现。另外，图像处理方法也可应用于全息降噪，如全变差正则化[8]、随机重采样掩模[9,10]、三维块匹配(block-matching and 3D filtering, BM3D)[11]、傅里叶窗滤波(windowed Fourier filtering, WFF)[12]等[13,14]。虽然图像处理方法在全息图降噪方面效率高且不需要复杂的实验条件，但处理后全息图的有效细节损失较为严重。而卷积神经网络具备较强的计算能力及图像特征捕捉能力，在降噪、超分辨率、去模糊和修复任务等低级视觉上的应用中取得了良好的效果。

全息图中的干涉条纹较为复杂，传统神经网络[15,16]难以提取其中的有效信息，因此本节在 Zhang 等[15]提出的残差学习及批标准化卷积神经网络(residual learning of deep convolutional neural networks, DNCNN)算法的基础上，提出了频谱卷积神经网络(spectral convolutional neural networks, SCNN)结构，即将空间域中的全息图通过二维快速傅里叶变换转换为频率域中的频谱图进行噪声处理。基于频谱卷积神经网络结构，仅需要单幅全息图，就可以处理不同等级散斑噪声光学系统采集的全息图，具有良好的应用价值。

7.1.1　全息图中散斑噪声模型

激光在被测物体表面反射形成一系列散射子波，其较强的子波相干性容易产

生光波相干叠加，形成散斑噪声，即[17]

$$g(n,m) = f(n,m)u(n,m) + v(n,m) \tag{7.1}$$

式中，(n,m) 为图像中的坐标位置，n 为横坐标，m 为纵坐标；$f(n,m)$ 为原始无污染过的图像在坐标 (n,m) 处的数值，是理想状态下希望重建的图像；$u(n,m)$ 表示与原始图像分布相互独立的乘性噪声分量；$v(n,m)$ 表示与原始图像分布相互独立的加性噪声分量；$g(n,m)$ 表示原始图像 $f(n,m)$ 受到散斑噪声污染后的图像。

由于散斑噪声由乘性分量与加性分量组成，光学全息降噪方法和传统图像降噪方法均很难有效地对其进行抑制。此外，散斑噪声随着被测物体表面的变化而变化，要估计全息图的散斑噪声分量存在一定困难，使全息图重建变得更加复杂。因此可建立一个频谱卷积神经网络模型，通过训练卷积内核来捕获单张全息图中的噪声成分，这样在解决散斑噪声问题的同时也能保留全息图的细节信息。

7.1.2 频谱卷积神经网络

卷积核本质上是一个二维函数，有对应的频谱函数，可以看成在低通滤波器中频率接近原点的幅值很大(频率低的通过)、越往两边越小(频率高的过滤)的"滤波器"。全息图中，低频分量代表着全息图中亮度或灰度值变化缓慢的区域，描述了全息图的主要部分；高频分量对应着全息图变化剧烈的部分，即全息图的边缘或散斑噪声及有效的条纹细节部分，但在空间域中传统降噪方法难以去除无效的高频分量，也很难保存有效的条纹细节信息。另外，全息图的频谱图实际还包含着零级像、±1级像的频谱信息，这是与常规频谱图的不同之处。全息图经过二维快速傅里叶变换后会形成与图像等大的复数矩阵，取其幅值形成幅度谱，取其相位形成相位谱。通过将空间域中的全息图转换为频率域中的频谱图可加强卷积神经网络对于图像不同频率特征的提取，有效低频可快速提取，无效高频可有效去除。

针对上述问题，本节基于 FFDNET(fast and flexible denoising convolutional neural network)[18]算法设计了频谱卷积神经网络结构，如图7.1所示。频谱卷积神经网络结构由三部分组成：第一部分是一个减采样操作与二维快速傅里叶变换，图7.2为经过减采样后的频谱图前后对比，将一张含有噪声的全息图 $g(n,m)$ 重构为四张减采样的频谱子图像，其中输入的含有散斑噪声的全息图频谱像素尺寸原来为 $W \times I \times C$，通过减采样4像素×4像素邻域的双三次插值操作后得到四张频谱子图像，像素尺寸为 $\frac{W}{2} \times \frac{I}{2} \times 4C$，频谱子图像可以有效增加网络的感受野，提高网络卷积效率，降低内存负担，从而使网络深度适中；同时将可调节的噪声等级映射 M，联合减采样的四张频谱子图像一起输入到卷积神经网络，其中噪声等级

映射 M 可通过将训练集所需的不同等级的噪声估计值模拟生成具有与频谱子图像相同的分辨率来获取,图 7.3 为噪声等级为 25 的噪声等级映射 M,图中数据单位为像素。第二部分由一系列的 3×3 卷积层组成。卷积层的第一层由卷积层(Conv)和线性整流函数(ReLU)[19]组成,中间层由卷积层(Conv)、线性整流函数(ReLU)和批标准化(BN)[20]组成,最后一层由卷积层(Conv)构建。为保证图像大小不变,每次卷积后都使用零填充操作。第三部分对应第一部分的可逆减采样 4 像素×4 像素邻域的双三次插值操作与二维快速傅里叶变换,将卷积神经网络输出像素尺寸为 $\frac{W}{2} \times \frac{I}{2} \times (4C+1)$ 的频谱图,通过上采样与二维快速傅里叶逆变换转换成像素尺寸为 $W \times I \times C$ 的全息图。考虑到网络的复杂度和运算性能的平衡,这里将卷积层层数设置为 15,特征映射通道数设置为 64。

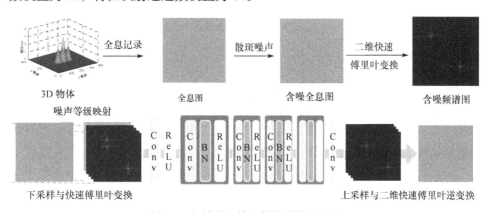

图 7.1　频域卷积神经数据训练流程图

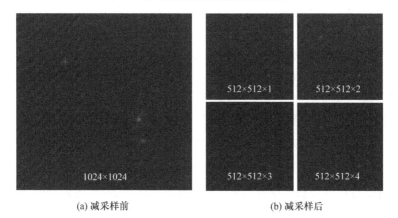

(a) 减采样前　　　　　　　　　　(b) 减采样后

图 7.2　减采样前后频谱图

512×512

图 7.3　噪声等级映射

7.1.3　训练数据集制作

充足的数据集对神经网络的训练至关重要，能有效提高实验效率与网络特征提取准确度。目前深度学习中较为流行的图像降噪数据集有 RENOIR[21]、Nam[22]、DND[23]、PolyU[24]、SIDD[25]等，但由于全息图是由精细干涉条纹组成的，没有相关数据集可用，网络训练需要有噪声全息图和对应的无噪声全息图，实验条件下无法采集到无噪声的全息图，因此需要模拟有噪声的全息图以及对应的无噪声全息图进行训练。

基于上述需求模拟了一个由三峰结构组成的原始相位，由此获得原始全息图及其噪声全息图，构成所需的数据集。模拟过程中，记录距离为 60mm，像素尺寸为 4.65μm，全息图尺寸为 400 像素×400 像素，参考光波为平面波，主峰及两边侧峰的最大相位值均不大于π，主峰及两边侧峰的相位值随机改变，随机改变两边侧峰在图像上的空间位置，最终形成包含 2000 张神经网络训练所需的全息图的原始数据集[26]。

模拟生成的原始全息图及其噪声全息图如图 7.4 所示。图 7.4(a)和(b)分别为原始数据 1、2 的原始全息图，与之对应的噪声全息图数据样本[18]为

$$y = R(x) + N(0, \sigma_a^2) \tag{7.2}$$

式中，$R(\cdot)$ 是有尺寸参数的瑞利分布；$N(\cdot)$ 是由均值、标准差决定的的高斯分布；x 是原始图像；y 是产生的噪声图像。这里依据不同标准差 σ 所决定的不同等级噪声，将噪声等级设置为[0,75]。

图 7.4(c)、(d) 分别为原始数据 1、2 的噪声全息图，图中虚线框部分是原图

中即将被放大的内容，实线框表示虚线框放大后的内容，后文等同。

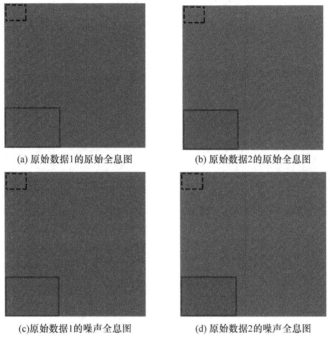

(a) 原始数据1的原始全息图　　　　　　(b) 原始数据2的原始全息图

(c)原始数据1的噪声全息图　　　　　　(d) 原始数据2的噪声全息图

图 7.4　模拟生成原始物光波的原始全息图和含噪声全息图

7.2　数字全息频谱卷积神经网络降噪实验

7.2.1　模拟全息图降噪分析实验

准备好数据集，将神经网络训练的噪声等级设置为[0,75]，批处理参数设置为128，初始学习率设置为 0.0001，学习率每批次训练后递减 0.8，训练循环次数设置为 20。在含有 2000 张模拟全息图的原始数据集中，训练样本数设置为 1200，测试样本数设置为 800，最后的测试部分以真实数字全息实验所采集的全息图作为测试样本。所有的代码都使用 Python 及 Pytorch 编写，实验在一台配置 Intel 至强处理器 E5G2630 v3 2.4 GHz、GeForce GTX 1080 Ti 显卡(显存 12GB)、内存为 128GB 的服务器上运行。

将频谱卷积神经网络算法(SCNN)与几种常用降噪算法(即 BM3D[11]、DNCNN[15]、FFDNET[18])进行对比，实验结果如图 7.5 所示。从图中细节部分实线框中可以看出，与其他方法相比，训练后的频谱卷积神经网络能够捕捉全息图无效噪声分量，并保留目标图像的有效细节，且只需要一幅全息图，而其他的传统光学降噪方法[4-7]需要多幅全息图才能实现降噪。BM3D 算法作用的全息图平滑过多，造成有效干涉条纹信息的损失。FFDNET 算法作用的全息图部分有效信息的损失也较为严重。

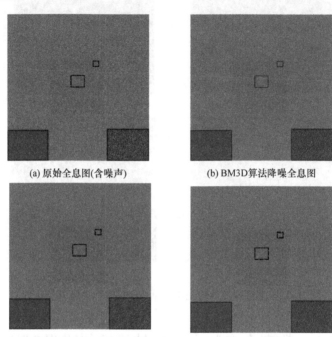

(a) 原始全息图(含噪声)　　　　　　　(b) BM3D算法降噪全息图

(c) FFDNET算法降噪全息图　　　　　(d) SCNN算法降噪全息图

图 7.5　模拟噪声全息图及基于不同算法的降噪结果

图 7.6 为含噪声全息图的频谱图及其基于不同算法的降噪结果。可以看出，SCNN 算法降噪频谱图中有效信息受散斑噪声影响较小，最大限度地保留了±1 级像信息；而 BM3D 与 FFDNET 算法降噪频谱图中，噪声覆盖住了±1 级像中的有效信息，没有最大限度地提取频谱图中的有效信息，全息重建效果受到影响。

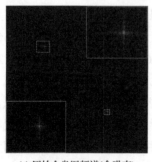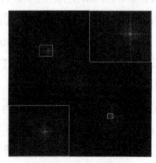

(a) 原始全息图频谱(含噪声)　　　　　　(b) BM3D算法降噪频谱图

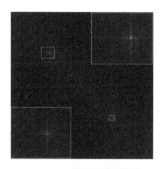
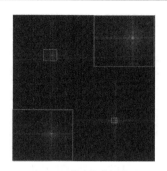

(c) FFDNET算法降噪频谱图　　　　　　　　(d) SCNN算法降噪频谱图

图 7.6　模拟噪声全息图频谱及基于不同算法的降噪结果

　　信噪比(peak signal to noise ratio, PSNR)经常用作图像降噪等领域中信号重建质量的评价参数，通过计算原始图像与其噪声近似图像的均方误差，基于对应像素点间的误差，即基于误差敏感的图像质量来评价图像，峰值信噪比越高说明其算法降噪效果越好。表 7.1 为 BM3D[11]、DNCNN[15]、FFDNET[18]、SCNN 算法作用于[0,50]不同噪声等级的模拟全息图的峰值信噪比测试结果。可知在不同等级噪声下，SCNN 算法降噪效果均为最佳，BM3D 算法降噪效果次之。

表 7.1　不同降噪算法作用模拟全息图的峰值信噪比结果

算法	噪声等级							
	15	20	25	30	35	40	45	50
DNCNN-S-15	38.0419	29.0921	24.0274	21.0641	19.0188	17.4534	16.1738	15.1226
DNCNN-S-25	35.6689	35.7439	35.1365	28.2013	23.2324	20.3025	18.2987	16.7974
DNCNN-S-50	30.8815	31.0527	31.1167	31.3427	31.4751	31.5182	31.2845	30.4360
DNCNN-B	36.8853	35.5332	34.3877	33.3566	32.4616	31.6917	30.8901	30.2063
BM3D	40.5191	39.0126	37.9082	36.8938	35.9814	35.7157	35.1951	34.4524
FFDNET	37.2938	36.2574	35.4788	34.7911	34.1024	33.4815	32.8233	32.2742
SCNN	49.5912	48.7532	48.1235	47.1137	46.5874	45.8516	45.1475	44.4121

　　对图 7.5 中的四幅全息图依次进行数值重建，获得的相位分布如图 7.7 所示。与图 7.7(a) 所示的原始噪声全息图重建相位相比，图 7.7(d) 所示基于 SCNN 算法

(a) 原始噪声全息图重建相位　　　　　　　　(b) BM3D算法降噪结果

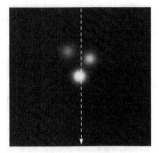

(c) FFDNET算法降噪结果　　　　　　(d) SCNN算法降噪结果

图 7.7　原始噪声全息图及不同算法降噪后全息图重建相位分布

的重建相位效果为最好。

7.2.2　实验全息图降噪分析实验

频谱卷积神经网络在作用于模拟全息图降噪方面具有良好的表现，为验证其有效性，现将实验中采集的数字全息图输入网络。数字全息图由马赫-曾德尔全息干涉实验系统获得[26]，采用红色激光器，光源波长为 632.8nm，相机像素尺寸为 2.2μm，相机像素为 2592×1944。通过不同的降噪算法，得到如图 7.8 所示的实验结果。从图中可以看出，虽然 BM3D 算法可以有效去除噪声，但从结果中的细节部分(黑色实线框中)看，图像平滑过于严重，这对全息图中的有效条纹十分不利；FFDNET 算法降噪全息图的细节部分丢失较为严重，有效的干涉条纹出现部分缺失的现象；SCNN 算法降噪全息图的干涉条纹细节保留较好，且能有效地去除散斑噪声。

因此，SCNN 算法适用于真实全息实验中的散斑噪声全息图，而传统降噪算法只适合于模拟全息图及其数值重建后的噪声相位分布。SCNN 算法的优势还在于可以去除不同等级噪声的全息图，且能保留全息图中的有效干涉条纹。对上述各全息图进行傅里叶变换得到对应的频谱图，如图 7.9 所示，可见频谱图的效果和全息图中的条纹降噪效果一致。

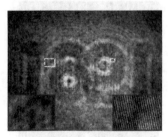

(a) 实验采集全息图(含噪声)　　　　　　(b) BM3D算法降噪全息图

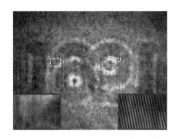 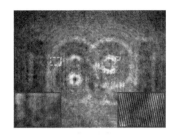

(c) FFDNET算法降噪全息图   (d) SCNN算法降噪全息图

图 7.8 实验采集全息图及基于不同算法的降噪结果

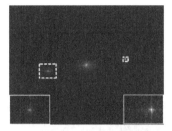 

(a) 实验采集全息图频谱(含噪声)   (b) BM3D算法降噪频谱图

(c) FFDNET算法降噪频谱图   (d) SCNN算法降噪频谱图

图 7.9 实验采集全息图频谱及基于不同算法的降噪结果

　　表 7.2 为不同降噪算法作用于[0,50]噪声等级的采集全息图的峰值信噪比测试结果。可见，DNCNN-S-15 算法在低噪声等级下效果较好，而 BM3D 算法在不同噪声阶段效果均比较突出，但与 SCNN 算法相比都存在一定差距。SCNN 算法可以去除实际全息图中无效的高频分量，保存有效的低频分量，对实际数字全息实验系统的降噪有着较为重要的应用价值。

表 7.2　不同降噪算法作用于采集全息图的峰值信噪比结果

算法	噪声等级							
	15	20	25	30	35	40	45	50
DNCNN-S-15	32.1165	28.491	23.6948	20.7488	18.8514	17.4452	16.3075	15.3621
DNCNN-S-25	31.041	30.5997	29.4421	26.7883	23.0257	20.0847	18.1323	16.7568

算法	噪声等级							
	15	20	25	30	35	40	45	50
DNCNN-S-50	22.6498	22.8688	23.1485	23.5389	23.9617	24.4056	24.7836	24.6461
DNCNN-B	31.9091	30.4596	29.1524	27.9926	26.9548	26.0657	25.3263	24.6627
BM3D	33.195	31.9098	30.8483	29.8768	29.0169	28.6274	27.8891	27.3416
FFDNET	32.4533	31.1312	30.0497	29.1045	28.2153	27.4031	26.6345	25.8983
SCNN	49.8527	49.0338	48.1156	47.2559	46.4194	45.6042	44.8867	44.3037

同样对图 7.8 中四幅不同的全息图依次进行数值重建，获得的重建相位如图 7.10(a)~(d) 所示。为更有效地对比不同算法的降噪结果，分别提取图 7.10(a)~(d) 中的虚线处截线，结果如图 7.10(e)~(h) 所示，可见依然是 SCNN 算法降噪后的全息图能获得更好的相位重建结果。

(a) 实验采集全息图重建相位

(b) BM3D算法降噪结果

(c) FFDNET算法降噪结果

(d) SCNN算法降噪结果

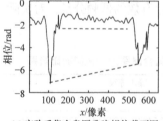

(e) 实验采集全息图重建相位截面图

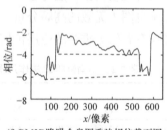

(f) BM3D降噪全息图重建相位截面图

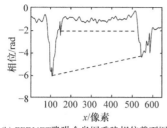 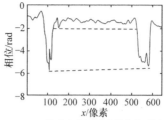

(h) FFDNET降噪全息图重建相位截面图　　(g) SCNN降噪全息图重建相位截面图

图 7.10　实验采集全息图及不同算法降噪后全息图重建相位及其截面图

7.3　深度学习在数字全息技术中的应用趋势

本章提出了一种基于频谱卷积神经网络的数字全息图散斑降噪方法。该方法能适用于实际光学系统采集的数字全息图降噪需求。将噪声水平图作为网络输入，由散斑噪声全息图与无噪声全息图组成全息数据集，利用生成的全息数据集对网络进行训练。数据集中模拟的全息图与采集的实验全息图测试结果表明，频谱卷积神经网络降噪方法能够很好地兼顾降噪性能与图像有效干涉条纹细节的保持，相比传统光学降噪方法和图像处理方法，具有良好的降噪及有效保留条纹细节信息的能力。

实际上，机器学习技术以其优越的"归纳学习"性能成为智能数据处理和分析技术的创新之源，以连接主义为代表的深度学习作为机器学习的重要分支，用深层的神经网络结构完成复杂学习任务的训练，促进了许多交叉学科和应用领域的进一步发展。当前，已有研究人员对深度学习在数字全息技术领域的应用进行探索，主要涉及噪声处理(重建质量)、聚焦距离的估计、相位重建与误差抑制(重建精度)等核心问题。深度学习所展现的低成本和高性能的特性，对数字全息技术的快速发展具有显著的推进作用。但应用于数字全息领域的研究还处于初步探索阶段，一些问题仍有待解决和发展：①深度学习算法问题。应用于数字全息技术领域的算法还不够成熟，模型泛化能力较差，需要探讨一种表达能力强的最优模型以高效地解决实际测量问题。②训练样本问题。深度学习以数据驱动的方式通过大量标注的数据集进行拟合和模型优化，然而大部分所涉及的实际问题是缺乏训练集，导致深度学习与数字全息技术的融合在实际测量中并没有得到广泛的应用。③复杂、极端情况下的测量问题。当前的探索和研究仅仅局限于处理特定情况下简单的测量问题，若针对多层、交叉物体的全息层析重建等一系列复杂的情况，深度学习的发展和应用还需进一步完善和细化。对于在测量中无法获取训练样本标记的情况，深度学习的无监督学习将会是解决此实际测量问题的重要研究方向。将无监督学习与数字全息技术深度融合，并建立具有强大的泛化性能的模型，且能够有效地处理复杂的测量问题，如严重噪声干扰的预测、重建等，将大大提升深度学习在数字全息技术领域应用的深度和广度。

参 考 文 献

[1] Feng S J, Chen Q, Gu G H, et al. Fringe pattern analysis using deep learning[J]. Advanced Photonics, 2019, 1(2): 025001-1-025001-7.

[2] Wang K Q, Li Y, Kemao Q, et al. One-step robust deep learning phase unwrapping[J]. Optics Express, 2019, 27(10): 15100-15115.

[3] Wang H, Lyu M, Situ G H, et al. eHoloNet: A learning-based end-to-end approach for in-line digital holographic reconstruction[J]. Optics Express, 2018, 26(18): 22603-22614.

[4] Herrera-Ramirez J A, Hincapie-Zuluaga D A, Garcia-Sucerquia J. Speckle noise reduction in digital holography by slightly rotating the object[J]. Optical Engineering, 2016, 55(12): 121714-1-121714-1-6.

[5] Kang X. An effective method for reducing speckle noise in digital holography[J]. Chinese Optics Letters, 2008, 6(2): 100-103.

[6] Quan C Q, Kang X, Tay C J. Speckle noise reduction in digital holography by multiple holograms[J]. Optical Engineering, 2007, 46(11): 115801-1-115801-6.

[7] Veronesi W A, Maynard J D. Digital holographic reconstruction of sources with arbitrarily shaped surfaces[J]. The Journal of the Acoustical Society of America, 1989, 85(2): 588-598.

[8] Gong G H, Zhang H M, Yao M Y. Speckle noise reduction algorithm with total variation regularization in optical coherence tomography[J]. Optics Express, 2015, 23(19): 24699-24712.

[9] Bianco V, Paturzo M, Memmolo P, et al. Random resampling masks: A non-Bayesian one-shot strategy for noise reduction in digital holography[J]. Optics letters, 2013, 38(5): 619-621.

[10] Fukuoka T, Mori Y, Nomura T. Speckle reduction by spatial-domain mask in digital holography[J]. Journal of Display Technology, 2015, 12(4): 315-322.

[11] Dabov K, Foi A, Katkovnik V, et al. Image restoration by sparse 3-D transform-domain collaborative filtering[J]. IEEE Transactions on Image Processing, 2007, 16(8): 2080-2095.

[12] Kemao Q, Wang H X, Gao W J, et al. Phase extraction from arbitrary phase-shifted fringe patterns with noise suppression[J]. Optics and Lasers in Engineering, 2010, 48(6): 684-689.

[13] 姚丹, 郑凯元, 刘梓迪, 等. 用于近红外宽带腔增强吸收光谱的小波去噪[J]. 光学学报, 2019, 39(9): 0930006-1-0930006-8.

[14] 程知, 何枫, 张已龙, 等. 趋势项调制的小波-经验模态分解联合方法[J]. 光学学报, 2017, 37(12): 1201002-1-1201002-12.

[15] Zhang K, Zuo W M, Chen Y J, et al. Beyond a Gaussian denoiser: Residual learning of deep CNN for image denoising[J]. IEEE Transactions on Image Processing, 2017, 26(7): 3142-3155.

[16] Xie J Y, Xu L L, Chen E H. Image denoising and inpainting with deep neural networks[C]. Proceedings of the 25th International Conference on Neural Information Processing Systems, Siem Reap, 2012: 341-349.

[17] Jeon W, Jeong W, Son K, et al. Speckle noise reduction for digital holographic images using multi-scale convolutional neural networks[J]. Optics Letters, 2018, 43(17): 4240-4243.

[18] Zhang K, Zuo W M, Zhang L. FFDNet: Toward a fast and flexible solution for CNN-based image denoising[J]. IEEE Transactions on Image Processing, 2018, 27(9): 4608-4622.

[19] Nair V, Hinton G E. Rectified linear units improve restricted boltzmann machines[C]. Proceedings of the 27th International Conference on International Conference on Machine Learning, Haifa, 2010: 807-814.

[20] Ioffe S, Szegedy C. Batch normalization: Accelerating deep network training by reducing internal covariate shift[J/OL]. arXiv: Learning, 2015. https://arxiv.org/abs/1502.03167.

[21] Anaya J, Barbu A. RENOIR—A dataset for real low-light image noise reduction[J]. Journal of Visual Communication and Image Representation, 2018, 51: 144-154.

[22] Nam S, Hwang Y, Matsushita Y, et al. A holistic approach to cross-channel image noise modeling and its application to image denoising[C]. IEEE Conference on Computer Vision and Pattern Recognition, Las Vegas, 2016: 1683-1691.

[23] Plotz T, Roth S. Benchmarking denoising algorithms with real photographs[C]. IEEE Conference on Computer Vision and Pattern Recognition, Honolulu, 2017: 2750-2759.

[24] Xu J, Li H, Liang Z T, et al. Real-world noisy image denoising: A new benchmark[J/OL]. arXiv: Computer Vision and Pattern Recognition, 2018. https://arxiv.org/abs/1804.02603v1.

[25] Abdelhamed A, Lin S, Brown M S, et al. A high-quality denoising dataset for smartphone cameras[C]. IEEE Conference on Computer Vision and Pattern Recognition, Salt Lake City, 2018: 1692-1700.

[26] Zhou W J, Guan X F, Liu F F, et al. Phase retrieval based on transport of intensity and digital holography[J]. Applied Optics, 2018, 57(1): A229-A234.